槙文彦的建筑

U0366230

谨以此书纪念我的母亲和伙伴：格兰农·玛丽·伯格

普利茨克奖得主系列

槙文彦的建筑

——空间·城市·秩序和建造

[澳] 詹妮弗·泰勒　著

马琴　译

中国建筑工业出版社

著作权合同登记图字：01-2005-5900 号

图书在版编目（CIP）数据

槇文彦的建筑——空间·城市·秩序和建造 /（澳）泰勒著；
马琴译 .—北京：中国建筑工业出版社，2007
（普利茨克奖得主系列）
ISBN 978-7-112-09142-3

Ⅰ . 槇⋯　Ⅱ .①泰⋯②马⋯　Ⅲ . 建筑设计 – 作品集 – 日
本 – 现代　Ⅳ .TU206

中国版本图书馆 CIP 数据核字（2007）第 025307 号

The Architecture of Fumihiko Maki: Space,City,Order and Making/Jennifer Taylor
Copyright © 2003 Birkhäuser Verlag AG(Verlag für Architektur),P.O.Box 133,
4010 Basel, Switzerland
Translation Copyright © 2007 China Architecture & Building Press
All rights reserved.

本书经 Birkhäuser Verlag AG 出版社授权我社翻译出版

责任编辑：孙书妍
责任设计：郑秋菊
责任校对：李志立　王金珠

普利茨克奖得主系列
槇文彦的建筑
——空间·城市·秩序和建造
［澳］詹妮弗·泰勒　著
马琴　译
*
中国建筑工业出版社出版、发行（北京西郊百万庄）
各地新华书店、建筑书店经销
北京嘉泰利德公司制版
北京云浩印刷有限责任公司印刷
*
开本：889×1194 毫米　1/20　印张：10　字数：350 千字
2007 年 6 月第一版　2016 年 8 月第二次印刷
定价：**38.00 元**
ISBN 978-7-112-09142-3
　　　　（28864）

版权所有　翻印必究
如有印装质量问题，可寄本社退换
（邮政编码 100037）
本社网址：http://www.cabp.com.cn
网上书店：http://www.china-building.com.cn

目　录

序
隈研吾

当你想起槇文彦，就如同想起什么是现代主义以及它所造成的影响。之所以会这样的原因是，虽然槇文彦是最重要的现代主义者之一，但他同时也是最直言不讳的现代主义批评家之一。但是，很重要的一点，他是最直言不讳的现代主义批评家之一，因为他是一名现代主义者。

通常认为最典型的现代主义者是勒·柯布西耶和密斯·凡·德·罗。但是他们在作出建立在现代主义原则之上的解释的时候，使用的却是古典的技术。例如，他们运用现代主义原则使平台或者柱列产生一种容易被理解的好看的样子，但是他们的设计是固定的、冰冷的。对于他们来说，现代主义具有雕塑般的晶体形式。因此，他们的设计具有古典的美感而缺少诸如针对功能上的灵活性、针对使用者的人性化以及与城市和周围环境的延续和融合之类的现代主义的内在特征。

槇文彦对这种类型的现代主义提出了批评，他说它是固定在时间中的。他之所以这样说是因为他本身也主要是一名现代主义者。这就是为什么他提倡形式的组合，并且认为城市和建筑之间是平等的、相互结合的。这不是对现代主义的纠正，而是对现代主义的真实形式和主要价值的阐述。当你将槇文彦与勒·柯布西耶和密斯·凡·德·罗进行比较的时候就会发现，后者代表了现代主义和古典主义建筑相融合的建筑师。

过去日本的传统建筑是灵活的、城市化的。在这个方面，槇文彦是非常日本化的。然而，日本当代的传统主义相对就不那么灵活。毋庸置疑，现代主义和传统的日本建筑共同创造了槇文彦，但是他并不满足于此。他不断地对现代主义进行批判，寻找它的真实形式。

无论你从哪个角度看，槇文彦都是灵活的。因此，他的建筑设计方法也不是固定的，而是不断变化的。原因在于他一直密切关注每一个环境，并且尊重它们。他也没有忘记关注在建筑和环境中流逝的时间以及它们存在的年代。由于他的设计一直在变化，所以他的建筑不会老去，有着永恒的生命力。建筑从根本上来说是一种矛盾的艺术。现代主义也是一个矛盾的概念。槇文彦比任何人都更好地理解了这种悖论。

前言

1975 年，我作为一名日本基金会的会员前往日本参观的时候第一次遇到了槙文彦。他非常爽快地答应做我的导师，指导我研究当代日本对开放空间的设计和运用。我对日本建筑和园林的兴趣是因为著名的作家和历史学家伊东贞治 (Teiji Itoh) 在西雅图华盛顿大学的演讲而产生的。从那时候起，我非常幸运地得到槙文彦对我的关于日本园林和当代建筑研究的关心和指导。在 20 多年里，我完成了对他的作品的欣赏和理解。接下来的内容，正是利用这种理解来对槙文彦从 20 世纪 60 年代至今的思想、论文和设计进行阐述和评论。本书研究了槙文彦对空间的形式、形式和空间的关系、城市、秩序的概念、技术的作用以及材料的处理的态度。本书主要关注的是槙文彦根据他对场所和时间的理解而在他的作品中形成的发展和变化，以及他的建筑是如何与之协调并且进行交流的。因此，槙文彦和他的建筑在日本社会和文化背景中脱颖而出，融入到现代建筑的框架之中。

本书的历史是通过一系列的主题反映出来的，而不是按时间顺序叙述的。这些主题着重关注的是槙文彦职业生涯中的主要方面：空间、城市、秩序和建造。最主要的部分每个主题都有两篇文章进行论述。第一篇讲述早年间他的作品在某个方面的主要贡献；第二篇文章主要关注的是他后期的资料。但"建造"那一章是个例外，它包括了两个问题——技术和材料。

虽然关于槙文彦的书籍很多，尤其是建筑期刊，但是至今为止没有对他的职业生涯进行全面描述的出版物。1997 年，普林斯顿建筑出版社出版了一本题为《槙文彦：建筑与设计》的回顾作品选，这本书的主要内容包括命题论文和散布其中的设计作品。在此之前，塞吉·萨拉特 (Serge Salat) 和弗朗索瓦·拉贝 (Françoise Labbé) 于 1988 年出版了一本题为《槙文彦：破碎的美学》的有趣的书，但它也只是局限于一个特殊的时期和方面。我自己的藏书里有 526 本关于槙文彦的参考书，它们构成了这本书的背景。参考书的数量本身（我的大多都是英文版的）就说明了槙文彦建筑的重要性。从这一点上看，我对他在日本和别的地方的建筑的认识和与槙文彦长期的共事形成了丰富的资料宝库，它们为这本书的完成提供了可能性。多年来，与本书相关的研究和论文为后来会议的演讲提供了资料。这些会议包括："槙文彦和运动空间"，SAHANZ，墨尔本，1998；"伟大的策略：槙文彦与形式组群"，ACSA 国际会议，罗马，1999；以及"运动空间与槙文彦的作品"，UIA，北京，1999。

由于我过去撰写了大量论文，我非常幸运地得到了悉尼大学建筑系能干而热情的高级助教苏珊·克拉克 (Susan Clarke) 的帮助。如果没有苏珊帮我对书籍进行研究和编辑，并且以她细致而正确的方式让我和我的资料保持清晰的条理，我无法从浩如烟海的数据和评论文章中找到自己的出路。

衷心地感谢你，苏珊。同样也要感谢昆士兰理工大学设计与环境学院的珍妮·莱帕德（Jeanne Leppard）在最后阶段处理资料时的帮助。再一次感谢苏珊·克拉克对本书初稿的编辑，感谢布里斯班的费利西蒂·西（Felicity Shea），她提出了非常有用的建议，并且在这些资料被送往欧洲之前进行了复审。书是一项集体的工作，很多人为它们的完成作出了贡献。在这里，博克豪斯的出版者丽亚·斯坦（Ria Stein）起了重要的作用，她的支持和理解正是本书所需要的。我还要感谢安吉丽卡·斯克奈尔（Angelika Schnell）在丽亚生孩子的时候接替了她的工作。感谢丽亚重新回来指导这本书的工作，并且在后来一直保持着不变的兴趣和热情。同样也要感谢博克豪斯那些精心打造最后成果的人。我要特别提到本书的设计师米里亚姆·布斯曼（Miriam Bussmann）雅致的创作，她把这本书变成了一件艺术品。我要向槙文彦致以由衷的谢意，他慷慨地为本书提供了大量的插图。我还想特别感谢槙文彦事务所的松岛纪和（Kiwa Matsushita）和幸田广美（Hiromi Kouda），她们为本书的插图提供了大量的帮助。她们长期以来的耐心和细致以及对材料的清楚表达令我深感佩服。谢谢你们。

如果没有日本基金会在1975年和1994年两次提供我会员资格前往日本，那么我对建筑的体验，与槙文彦及其助手和同事的长时间讨论也都是不可能的。而且，我要特别感谢渡边一藤宏(Hiroshi Watanabe)、长岛弘一（Koichi Nagashima）、隈研吾、铃木宏之(Hiroyuki Suzuki)和木村敏彦（Toshihiko Kimura）在长时间的讨论中对槙文彦作品的真知灼见。另外，感谢隈研吾为本书所作的深刻的序。槙文彦事务所的职员们，感谢你们陪我参观那些建筑并且提出非凡的见解。尤其要感谢希瑟·卡斯（Heather Cass）、罗吉·巴雷特（Roger Barrett）、马克·马里干（Mark Mulligan）和赖科·图穆罗为我在参观槙文彦建成的或者没有建成的、甚至还在施工中的建筑时提供的大量信息、热情的陪同和许多的欢乐。

但早期我在日本的时候给了我最大帮助的人，是我的母亲格兰农·伯格，她和我一起住在东京和京都，陪伴我度过一再延期的旅程（就像她在许多别的国家所做的那样），细心地照顾我的两个孩子。没有她，这本书将无法完成，这本书就是献给她的。

后来的参观是詹姆斯·考纳尔（James Conner）和我一起去的，他随时随地地给予我帮助。我要特别感谢他在图片的收集和分类中起到的重要作用。通过这本书，无论从哪个角度讲，他都成了我真正的伙伴，尽可能地给我提供巨大的支持和鼓励。

最后，我想要对槙文彦说声谢谢，感谢他的友好和热心以及多年来的热心指导和支持。

9

1 槙文彦

槙文彦说："建筑不应该仅仅表现它所处的时代，而应该超越它所处的时代。"[1]这句话暗藏着槙文彦对建筑的主要看法。首先，建筑的职责是扮演文化的传承者。通过这个角色，建筑对它所处的时代做出反映和体现。其次，建筑必须在物理上和心理上克服所处时代的条件限制并且体现永恒的信息。这个信念贯穿在他的论文、教学和设计之中。从一些比较特殊的方面，我们可以看到槙文彦与生俱来的对形式和空间的感受，他敏锐的判断力，对材料的敏感性，对建筑细部的精雕细琢以及对建筑技术和艺术的掌握。

在主流之外，日本在20世纪下半叶的现代建筑运动中有着一个并不显著的先锋位置。丹下健三和前川邦夫（Kunio Mayekawa）充满了戏剧性和雕塑感的混凝土建筑以及"新陈代谢派"充满想像力的作品为20世纪60年代的日本建筑赢得了关注。槙文彦就是其中的一分子，因为他参与了接下来的几年中日本追求精致和优雅的新建筑的

先锋运动。到20世纪80、90年代的时候，日本建筑重新占据了主导地位，通过槙文彦、矶崎新和伊东丰雄之类的建筑师的进步理论和文章得到了世界的认同。因此，在日本建筑的宗谱中，槙文彦扮演着前川邦夫和村野藤吾（槙文彦非常崇拜他）的继承人的角色，他是丹下健三的学生（尽管他跟丹下学习的时间不长），他和其他的新陈代谢主义者：黑川纪章和菊竹清训等人一起成为新一代的建筑师。虽然矶崎新和伊东丰雄相对年轻一些，但是他们的作品可以看作是和槙文彦后期成为日本设计巅峰的职业生涯相平行的，他们成为具有国际声望的建筑师，在日本占据着主导位置，为这个电子世界进行着非常有意义的表达。

在不断变化的文脉中，槙文彦坚守着现代主义运动的原则。槙文彦很清楚它的缺点，并且努力通过对复杂性的认识和包容以及想像力的强化来拓展它的能力。从内心里说，槙文彦是一名城市主义者，他的城市理论是他最重

要的贡献之一。建筑的空间和精神强烈地体现了城市特征，它们是得到了形式和表皮的启发并且从中发展而来的，就像它们对城市普遍而特殊的文脉作出的反应一样。对于槙文彦来说，城市设计是一门交流的艺术，它关注物理和心理空间的形成和构建，并且通过它们表达出来。今天，槙文彦是日本和国际上最著名的现代主义建筑师之一。[2]他的特殊贡献令人瞩目，其中包括他的教学和大量的论文，以及他从小建筑到大型巨构的建筑设计作品。

槙文彦生长于日本关西区的东京，他的许多同事和学生都从别的地方去到那里。这对于日本人来说是再清楚不过的事情，但是对于外界来说还是很难理解的。日本不同的地区有自己的法规和行为方式，一个关西的孩子是非常独特而且容易被看出来的。这在一定程度上解释了槙文彦的道德规范和保守的作风。槙文彦是一个国际化的和大都市化的人物，曾经在美国求学，并且在世界的许多地方进行过旅

行、讲演和建设。他见多识广，在当地和国际舞台上都一样地长袖善舞。他强烈的文艺复兴特征掩藏在他轻盈的建筑和温和的举止后面。他的作品中既有着浓厚的日本特色，也有深厚的西方历史，偶尔还会在少有例外的表面出现一些顽皮的参照物。槙文彦继承了日本人那种在矛盾的环境中游刃有余的能力，把传统精神和先进技术融合在了一起，并且非常轻松地把保守主义和最理性的现代观念结合在了一起。他在不同文化中的特殊位置给他带来了一种独特的视角，这让他能够从西方理性主义中提取某种认识，并且用他所继承的背景中的感性成分来对它进行丰富。槙文彦的建筑与传统的水乳交融形成了一种调和今天全球改革中比较粗糙的那一部分的丰富性。他的作品保留着对当地的场所和传统的认识，传达出人类的情感，尽管他采用的是全球化的和当代的材料和技术。他成功地用全球化的技术手段展现了地方性和人文精神。他用抽象的语言

达到了这个目的，把建筑构造当成了他的工具。

槙文彦是有着很高造诣的专家。他是一家运营良好、客户一再光顾的事务所的核心人物。他有着很大的能量，从来不会手忙脚乱，也很少看到他烦躁不安。他对任何人任何事都全身心地投入，他整洁有序的办公桌告诉了我们他一丝不苟的工作方法。他创造了不计其数的高质量的论文和作品。这些大量的产出来自于他那个在大量的现场办公室中扮演着神经中枢角色的中型事务所。这些现场办公室在施工现场与工匠和建造者一起进行和延伸创造工作。1997年，当他设计作为山坡西侧建筑群的一部分的自己的办公室的时候，槙文彦开设在东京日本桥的设计事务所。这是他20世纪60年代从美国学习和教书回来之后，在东京成立的自己的第一个事务所。现场办公室是日本施工业的工作结构中的重要组成部分，因为许多重要的决定都是在施工过程中做出的，有的甚至是在

接近完工的时候才定下来的。槙文彦对不同工作场所的目的和职责之间的区别非常清楚，正如他所说的："艺术家的工作室必须保护和保留一个超越现实的精神世界"，而"现场办公不仅是把建筑从思想的世界中解放出来的场所——它还是人们第一次学习创作任务到底是多么艰难的地方"。[3]现在，槙文彦的现场办公室散布在北半球的各个地方，他定期前往欧洲和美国指导他的海外项目。

虽然槙文彦主要以他的建筑和城市设计而闻名于世，但是他同时也是一位颇有声望的教育家，他曾在美国的华盛顿大学和哈佛大学研究生设计学院执教，并且是东京大学的建筑系教授。此外，他还是世界上许多大学的访问教授。他的作品因为在建筑和城市理论上的学术追求而著名。这些作品以期刊、小册子和设计作品图书、报告和论文的形式进行发表。这些论文对设计理论造成了广泛的影响，使得槙文彦成了一位重要的理论家。槙文彦

可以讲一口流利的英语，他的很多出版物都有日语和英语两个版本。[4]他的语言非常诗意化，他用来表达思想的语言所具有的文采可以和路易·沙利文、阿尔多·凡·艾克和路易斯·康相媲美。论文中清晰的理论在实际建成的作品中变得非常含蓄。隐藏在他的建筑中的这种理性、睿智和批判的基础传达出一种对建筑的严格要求和信念。槙文彦的语言和他的图纸一样富有创造力。

语言和历史上的先例是用来进行充分的辅助、界定和规划设计方法和手段的工具。对项目之前和周围建筑的、技术的以及文化传统的深入研究对于设计的形成来说非常重要。运用自如的语言则导致了一种折中主义的特性。

创作活动的图纸内容开始于纸上的第一条线。在《图纸的生命》一文中，他写到了设计活动；他说："图纸上的一条单线最终将控制和影响成千上万的人的生活和运动方式。这也许就是

这种可能有点粗暴的力量最浪漫的行为。"[5]他的工作状态很放松，通常是先在格子的笔记本上画出一系列的草图。草图是设计过程中非常重要的部分，它在"呼唤着精确性，因为它记录了一个不可能完全实现的梦想"。[6]但是草图中的最初形象并不是某种存在或者切实的形式，它们更多的是后来的设计中所涉及的"空间实体"。[7]他对空间和形式进行处理，并且把特殊的功能需求加入到整体概念中去。因此，"在设计的初期，想要得到的空间实体是假想的和虚构的"，接下来对设计进行深入的考虑，从而"对必要的内容进行重组，来看看它们是否和我们设想的空间领域相吻合"。[8]槙文彦没有把自己看成是一位理性的设计师；相反，他说："我仍然在调整。"[9]槙文彦大多数的调整是由视觉决定的，通过图纸、大量的图形以及在各个阶段制作的结构模型来进行工作。计算机在事务所的设计工作中起到了很大的作用，尤其是在探索和生成新的复杂形式的可能性方

面，但是它并不能取代图纸。对于槙文彦来说，图纸可以带来特殊的灵感和发展，因为"画草图不仅可以表现已经形成或者还没有形成的形式和想法，而且有助于产生新的形式和想法"。[10]在写到计算机技术的先进性的时候，槙文彦总结说，在思考的过程和建造的工作中，"我们意识到我们仍然依赖三种人类已经使用了数千年的独立的手段：思考、判断和动手。"[11]

注释

1　槙文彦，《城市形象，物质性》，摘自塞吉·萨拉特和弗朗索瓦·拉瓦（编），《槙文彦：破碎的美学》，·纽约，Rizzoli，1988，第 15 页。

2　他不计其数的奖项包括普利茨克建筑奖和国际建筑师协会金奖。

3　槙文彦，《现场办公室》，《槙文彦：一种被称为建筑的存在——来自现场的报告》，Gallery Ma Books，为 Gallery Ma 的一次展览而进行的分类，东京，TOTO Shuppan，1996，第 37 页。

4　槙文彦的许多论文都由渡边一藤宏翻译成了英语，并且以恰如其分的方式保持了原文的意思和文采。

5　槙文彦，《图纸的生命》，摘自槙文彦事务所内部刊物《城市和建筑》，东京，2000，第 15 页。

6　槙文彦，《图纸的生命》，第 16 页。

7　槙文彦，《图纸的生命》，第 16 页。

8　槙文彦，《空间、形象和材料》，《日本建筑师》，16。槙文彦专辑，1994 年冬，第 8 页。

9　与槙文彦的谈话，东京，1995。

10　槙文彦，《空间、形象和材料》，第 6 页。

11　槙文彦，《现场办公室》，第 37 页。

摘自《形式集的说明》的形式图解

2 空间：空间和形式组群

对空间和时间本质的理解，以及由此而形成的对建筑中的空间和时间的特殊定义，是从知识、信仰、技术和特殊文化的需要中发展而来的。其中任何一项发生变化都会使影响空间划分的政治、社会、功能和美学因素发生转变。20世纪的日本显然是受到了反映在社会和政治空间上的转变的影响。

从20世纪60年代的高尔基建筑到80、90年代包括教堂般的体量在内的体育馆和展览建筑，长期以来，空间的建构和对它们的探索一直是槇文彦整个职业生涯中的重中之重。在他早期的建筑设计和论文中，槇文彦提出了对于当今的城市理论来说仍然很重要的问题。这些批评提出，必须根据当代社会不断变化的需求和设计环境来创造宽松的城市空间。尽管城市处于变动中，但是设计的环境在个体和所创造的环境之间造成了一种交流和对话的感觉。

槇文彦对社会需求的满足和在技术可能性的前提下的空间创造非常重视，正如他的文章中所写到的："现代技术在实际建成的环境中创造的新的空间关系不仅仅是根据技术的可能性来创造的。"[1]因此，设计直接的来自于内部空间的生成。他说："我会用内部空间的形式来决定每一个部分是什么东西，然后再塑造整体的形象。"[2]这种设计方法和他的现代主义立场是一致的。然而，在槇文彦的建筑中，内部空间有着先于外部形式的重要性，这种对根据功能而形成的空间进行的排列和连接的本质，也可以被看作是从日本自封建社会时期就非常普遍的布局技术发展而来的，这种技术是建立在分别构思的空间单元的连接之上的。

从历史的角度看，槇文彦的作品证明了他对适当的空间标识、通路和围合的认识以及立场的发展过程，这些因素都是对特殊环境的状况和需求做出反应的结果。这些空间元素也体现他关注内容的范围之广，提出了超越针对单个建筑提出的专门的解决方案。虽然他对今天超越于空间之上的时间和速度很敏感，但是我们还是可以看到他有意识的在空间中运用人的尺度，这也是建筑的主要职责所在。除了由时间和空间来决定之外，槇文彦的建筑一直都能够很好地满足新的要求。而且，建立在对日本和西方空间理解的牢固基础之上的槇文彦可以老练地把新的空间划分和围合的模式、新兴的表现、控制和保护的全球化方法结合到设计中来。他对空间思考的背景来自于他在日本的成长经历、在美国的体验和学习，以及拓宽了他的视野的旅行。他认识到社会和空间的要求在本质上是相等的，我们可以在他20世纪60年代的作品中找到这种认识的起源。这种关注贯穿于他整个职业生涯中，正如他说的："我们要创造的是根据社会要求而形成的新的空间的新形式。对社会要求做出反应的不是形式，而是空间。"[3]

背景

1928年出生以后，槇文彦的童年和

谷口吉生，佐佐木住宅，东京，1937

青年时代跨越了第二次世界大战。在这段时间里，他经历了一段不同寻常的成长过程，这段经历成了他的日本的和西方的空间表现的启蒙教育。一方面，他感受着东京这座复杂的城市中的日常生活，另一方面，由于他家族的特殊地位，使他有机会接触到了一些国内最现代的建筑和艺术。

在东京度过的童年对槙文彦的思想造成了很大的影响，为他的建筑中的空间构架打下了持久的基础。他对自己幼年时期所看到的那些古老的城市街道中的普遍形态和空间序列有着一种敏锐的认识。他还能记得他的朋友们住的那些不规则的传统住宅，以及他那在东京的、"有着不断变化的空间、平台和神秘的、可以用来捉迷藏的角落"[4]的学校——由谷口吉生设计的庆应日吉小学。槙文彦把那个小学的空间和"由许多非正式的小地方组成的巨大的集会场所"[5]的东京的城市等同起来。正是这样的体验使得槙文彦形成了早期对空间的概念结构的认识。

槙文彦在 20 世纪 30 年代参观的那些现代住宅对当时还是个幼小的孩子的他来说是最不同寻常的一次经历。他提到了 1937 年由赖特的一个学生设计的 Kameki Tsuchiura 住宅和谷口吉生在 1935 年受槙文彦的一个叔叔委托而设计的佐佐木住宅。[6]另外，槙文彦还认识了其他的诸如崛口舍己住宅和安东尼·雷蒙德住宅之类的现代建筑的理性实例。在他的家族的兴趣的影响下，槙文彦开始了解到西方艺术的主要运动。当他参观港口崭新的船只的时候，形成了新的形式印象——从年少的时候开始，他就把这种形式与现代住宅联系起来。[7]槙文彦印象最深、最持久的记忆是它们完全不同的设计，它们对他的思想造成了深远的影响。

当战后重建工作在日本如火如荼地进行的时候，住宅和城市的公共场所都显得非常紧缺。从任何一个角度来说，空间都是非常宝贵的。在日本，对社会空间和政治空间的期望与西方国家有着很大的差别，对实际空间的体验也是如此。到 1975 年的时候，工人们为了选择自己能够负担得起的、平均每人 5.1 席（8.4m²）的居住单元，不得不搬到很远的地方去住。每一条马路的交通都非常拥堵，东京每天有 2200 万人乘坐公共交通，超过了运送能力的 300%。[8]而且，伴随着第二次世界大战以后西方国家，尤其是美国，对古老的社会服务结构严格而清晰的场所定义所造成的破坏越来越大，并且最终导致了社会的混乱和困惑。看上去，为了要生存下去，社会和新的城市都必须理性地进行不同的空间组织。

1948～1952 年，槙文彦在东京大学建筑系（工程部）接受建筑学教育。这段经历使他对日本和西方的空间认识和体验有了更加深入的认识。在东京大学以及他毕业以后呆了 3 个月的丹下健三的工作室里，槙文彦更多地接触到了截然不同的西方空间观念。他学习了立体派对连续和封闭空间的理解和

斯泰因贝格艺术中心，华盛顿大学，圣路易斯，1960

表现，这在建筑上表现为开放平面和水平窗。槇文彦对弗兰克·劳埃德·赖特在东京设计的帝国饭店非常熟悉，并且对勒·柯布西耶和密斯·凡·德·罗的作品进行了学习。[9]从这些概念中，日本建筑师开始认识到新时代理想的现代城市应该是无拘无束的、没有限制的、空间连续的。东京展现了日本在战后重建那几年里空间的实际状况，而槇文彦在大学里学习的是现代欧洲设计的城市乌托邦。在丹下健三以及他后来的像槇文彦那样的学生看来，在20世纪60年代的日本，城市的空间问题和宏大的拯救计划应该是齐头并进的。

在完成了东京的学业之后，槇文彦开始往返于太平洋两岸。他以匡溪艺术学院学生的身份开始了主流现代建筑的深造。1953年，他在那里获得了建筑学硕士的学位，并且在哈佛大学研究生设计学院学习了一年，于1954年获得了另一个建筑学硕士的学位。埃利尔·沙里宁在匡溪当主任的时候设计的校园建筑和空间以及后来成为哈佛大学建筑系的系主任和研究生设计学院院长的约瑟夫·路易斯·塞特的教学对他造成了重要的影响。对于槇文彦对现代主义动态空间的学习来说，西格弗里德·吉迪翁（Siegfried Giedion）在他的《空间、时间和建筑》一书中关于现代建筑空间/时间关系的论述也具有很大的重要性。[10]哈佛的人文学科在那个时候特别强，有着许多像吉迪翁和爱德华·塞克勒（Eduard Sekler）那样战后移居到那里的欧洲学者。他在SOM事务所（1954～1955）和塞特事务所（1955～1956）的经历也对他认识西方的空间概念起到了重要作用。之后，槇文彦作为圣路易斯华盛顿大学的助教（1956～1958）和副教授（1960～1962）开始教学工作，1962～1965年间执教于哈佛大学。因此，槇文彦在美国度过了他的职业生涯中的很多年时间，强化了他早期对西方思想和他之前在日本接触到的艺术的了解。

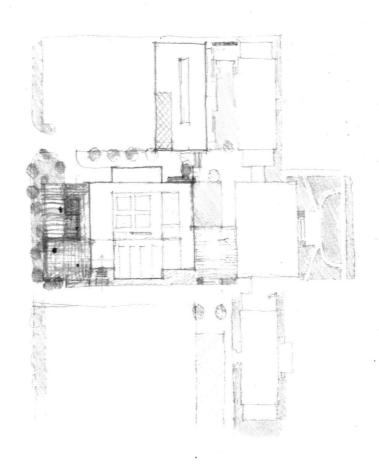

视觉艺术和设计中心，华盛顿大学，圣路易斯，2005。平面图

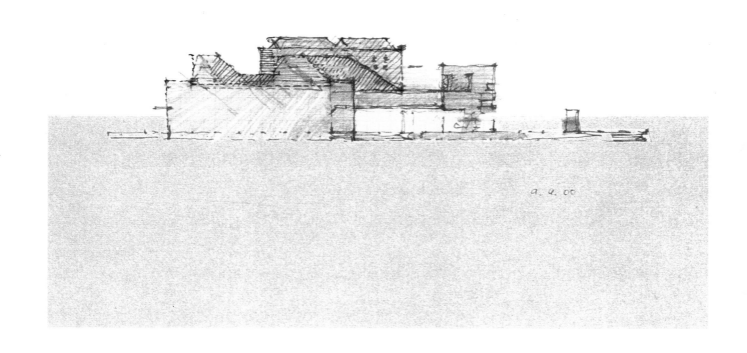

视觉艺术和设计中心，华盛顿大学，圣路易斯，2005。立面草图

地中海群集的村庄，海德拉

这个时候，槙文彦得到了一个在已建成的建筑中探究他对空间和形式的想法的机会。1957年，当他在华盛顿大学的设计室里担任设计师的时候，槙文彦设计了包括图书馆、美术馆和办公楼等多种功能在内的斯泰因贝格艺术中心。最终的效果是一座古典的平衡的混凝土建筑，由位于划分清楚的基座上的柱子支撑着漂浮在上面的屋顶。最近，槙文彦把这座建筑作为一部分，扩建成了一个大学视觉艺术中心。

作为格雷厄姆基金会的会员（1958～1960），槙文彦游历了东南亚、中东和欧洲，这拓宽了他对建筑的认识。[11] 对由建成的形式限定的外部空间，以及建筑物彼此之间在空间上的作用和空间本身不断加深的认识，对他的思想造成了重要的影响。同时，槙文彦在20世纪50年代的海外经历使他开始加入到在城市生长中运用生物学和社会学原理的"新陈代谢小组"中。这个小组由年轻的建筑学毕业生黑川纪章、菊竹清训和大高正人以及评论家前川邦夫等所组成。后来加入的另一位来自丹下的工作室毕业生矶崎新设计了梦幻般的作品，但是，和丹下一样，矶崎新并不是新陈代谢小组的成员。

槙文彦参加了"新陈代谢小组"的讨论和书籍出版，但是，因为他总在美国而缺席，所以他的作用没有黑川纪章和菊竹清训那么大。不过，凭借他在美国所受的研究生教育和经历，槙文彦可以给小组讨论甚至整个日本提供当时最前卫的思想。这其中包括路易斯·康的"空间和结构"理论、"十人小组"的设计和其他的欧洲运动，例如巴黎的杨纳·弗莱德曼。从这个方面来讲，槙文彦对20世纪60、70年代的日本建筑作出了巨大的贡献。

早期概念：形式组群

槙文彦早期的论文和设计中体现了一种概念化的理论和实用理论的融合。理论文章是以如何在实际建成的形式中得到实现的概念化的设计为支持的。它们在设计建成的作品中经受检验，并且由槙文彦或者他的助手们坦率地判断它们的成功或者失败。

在他参加"新陈代谢小组"的同时，槙文彦还在美国教授城市设计，他的都市化思想在1965年与杰里·戈德堡（Jerry Goldberg）合著的《形式集研究》以及与大高正人合写的，收录在格勇基·基普斯（György Kepes）所编的《艺术和科学的结构》一书的"关于形式集的一些想法"一文中都有详细的论述。[12] 这项研究被称作是对城市中出现的力量在形态学上的结果的探索。它所探讨的可能的调整方法是"形式的组合"，就像从传统的角度上所理解的"大形式"和"形式组群"那样。他的形式集的想法来自于他对日本传统村庄模式的理解，以及他在格雷厄姆基金会提供的旅行过程中形成的对类似于意大利山城中民居的非正式聚集模式的深刻印象。槙文彦的研究范围非常广阔，从地中海沿岸那些体现了他所谓的形式集的、紧密地聚集在一起

丹下健三，东京海岸设计，东京规划，1960

山坡平台原始的"总平面图"，1967

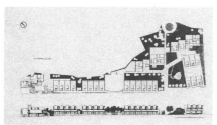

的小村庄，一直到类似勒·柯布西耶在昌迪加尔所设计的政府大楼那样的纪念性建筑中体现大形式的巨型空间。[13]他在提到小村庄的时候写道："社区，形式集，是由非常简单的空间元素组成的，比如那些沿着一个小庭院布置的房间……在那些形式集中我看到了一种地方文化。"[14]他总结说，"形式组群"来自于人自己，而"大形式"是与力量相关的。

在《形式集研究》中，槙文彦第一次采用了"巨构"这个词语，虽然班海姆（Banham）认为（而且槙文彦也同意）这个词语在槙文彦在美国教书的时候已经提到过了。[15]槙文彦把巨构定义成："一个巨大的框架，可以把城市的各种功能或者城市的一部分包括在里面。今天的技术使之变得可能。从某种程度上讲，它是一种人造的地貌特征。它就像意大利那些村庄建于其上的高山。"[16]很明显，勒·柯布西耶为阿尔及尔设计的方案A中已经埋下了这种结构的种子。槙文彦把巨构定义为城市调整的三种可能性之一，并且以丹下1960年的东京海岸设计为例。虽然槙文彦认识到了巨构作为一个新的概念的重要性，但是他最终因为它的巨大体量的永久性不适合处于变化中的文脉的原因而拒绝了它。他更喜欢"形式组群"。

槙文彦的形式组群是作为一种从建筑组织、城市与乡村、大和小的形式/空间组合方式衍生而来的方法。他把对形式组群的研究作为处理大型的、复杂的综合体和像1960年的新宿规划、1968年的立正大学和1969年的山坡平台那样的单体生长而成的项目的方法。那些大型的、"云状"的综合体包括20世纪90年代的体育馆和展览馆建筑。这些项目追求的是人性化的大体量，

这个大体量是设计固有的一部分。这些设计是建立在通过不控制和不完全的手段来接受和包容大体量的方针之上的。槙文彦的形式组群在把各个部分连接起来松散的集合中形成了一种高于一切的内聚性。这个松散的集合暗示着一种更多是感觉上的而不是材料上的秩序。这个实体保留了一种处于变动中的模糊性，它的焦点从整体变到局部，又从局部变到整体。开放的布局概念为不确定性提供了多种可能性和反应。

槙文彦的形式组群理论来自于强化不完整的、不可预见的、暂时的而且暗示的方法，通过这种方法也许可以确定现在的城市状况，以及它的要求和复杂性。

20世纪60年代的形式组群

在1960年出版的《新陈代谢：新城市的设计》[17]一书中《走向形式组群》的文章中，槙文彦和大高正人第一次表达了追求"形式组群"的意图和方法，

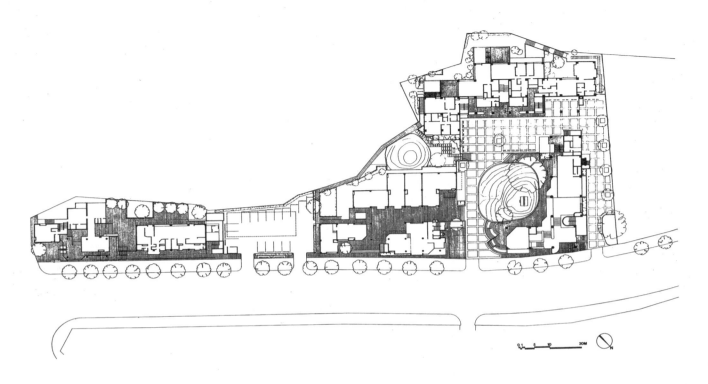

平面图：山坡平台"总体设计"的结果

在这个组合中，大量的元素通过每个元素中内在的体系组成一个整体。形式组群发展成了对"总平面设计"的静态特征的一种批判，这种静态的总平面是无法与城市中的各种问题相抗衡的。槙文彦和大高正人认为城市是混乱而单调的，缺乏弹性和灵活性，无法在视觉上适应超越人体尺度的现代体系和单元的新环境。[18]形式组群设计的根本目的是在一个快速变化的文脉中形成一种个体的和集体的特性，对特殊性（包括区域）和普遍性进行表现。"然而，集体的形式不仅是一群无关的、独立的建筑的集合，而是因为各种原因聚集在一起的建筑群。"[19]

他们把"总平面"称作"总体设计"，把它想像成一种临时的方向。从"平面"走向"设计"的道路可以在山坡平台的设计中找到，在这个项目中槙文彦第一次设计了一个对于现实中的工作来说显得过于静态的"总平面"。他们把"总体设计"描述成"一种造型工艺，一种意图的指示器和评估器，而且，如果可能的话，还可以作为集体形式产生的工具。"[20]关键在于没有限制的、不断生长的平面的可能

性。"总体形式"（master-form）这个词也可以被解释成一种"理想"，它"可以进入到永远是新的平衡状态并且仍然保持视觉上的连续性和一种长期的连续的秩序感……形式组群中的主要图形来自于生成元素的一种动态平衡，而不是风格化的、已经完成的实体的组合。"[21]"总体形式"的平衡是由在某个给定的时间下的元素所维持的。在1976年的一篇感觉入微的论文中，希瑟·卡斯指出在《走向形式组群》中表现出了"把西方确定性的、以实体为方向的传统和日本不确定的、以进化为

新宿车站设计，东京，1960。模型

方向的传统结合在一起"的想法。[22]

新宿车站设计

　　新宿的项目显然是"形式组群"和"总体形式"思想的表现。它被看作是一个包括较小的商业综合体、办公区域和娱乐中心的组合在内的整个城市的组合，这些功能都是建立在一个人工的平台之上的。[23]组群之间运用了不同的秩序原则，除了那些增加和减少的单个部分之外，每一个组群都保持了统一性。这个设计体现了早期用隐喻来帮助建立作品的概念的手法。元素和系统是根据反映了生命的活动和能量的主体发展而成的。隐喻主要是具象的，例如娱乐区关于"花瓣"的想

像，这种隐喻是诗意的、有机的，而不是机械的。娱乐区是一个很好的"动态平衡"概念的例子，在那里，就像花的花瓣一样，可以拿走或者增加单个的或者多个的元素（花瓣），而不破坏明显起着控制作用的整体结构。这种想法最根本的基础来自于对动态平衡的状态和不完美的美的和谐的理解，它反映了万物之间的独立和联系在文化上的平衡。正如小川将贵在1973年所写的："槙文彦对系统和元素之间的关系的解释否定了现有的把建筑作为一种元素的思想，他确信建筑是元素的集合这种概念。从组群的概念上讲，槙文彦的哲学使得城市和建筑有了一个共同的、流动的生命。"[24]

　　这种思想导致了槙文彦在1960年和1964年的两本书的出版，并且一直贯穿于他的整个职业生涯。虽然他后来写到，他应该更多关注设计初期的外部空间和连接的设计，而不应该把注意力都集中在形式上，但是很明显，这些设计被看作是一直关注于空间的

和战术性的环境的。[25]这种认识是槙文彦的形式/空间策略的关键所在，在那里，外部空间或者"之间的"空间是一种暗示性的连接。尽管从整体上来说是结构主义，尤其是"十人小组"的理论，和槙文彦那种包容了选择和变化的灵活体系有着共同点，但是槙文彦的特殊贡献来自他不同的"形式组群"设计的独特性，它可以很容易接受一种未完成的状态。

　　在槙文彦20世纪60年代的作品中，放弃了形式组群的基本意图和策略，但是在后来的作品中仍然可以看到这些主题的变异。"连续的形式组群"是如何形成形式组群的逻辑的，这个问题存在于每一个超越时间的组群和有着石莲花似布局的"形式组群串"之中。

连续的形式组群

　　到20世纪60年代，槙文彦逐渐感觉到追求无法实现的巨构设计的想法是行不通的。他提出了一种精心设计

山坡平台，代官山区，东京，模型

的"小局部"的融合，这些小局部可以引起由局部动态的发展，并且进而形成一个一直处于变化中的整体的城市：这个城市被看作是整个形式组群的集合。在山坡平台的设计中，槙文彦第一次希望证实他新的城市设计方法。

山坡平台 (1967~1998)

在1967年第一次扩建以后，山坡平台这个项目一直在不断地扩张，形成了槙文彦的作品中一个引人注目的与他的理论相关的实例。山坡平台沿着东京代官山地区的一条时尚的街道向两侧延伸。[26] 随着时间的流逝，这个大面积的项目逐渐被确定下来，并且得到了很好的调整。整个发展的过程是一个正在进行的私人的项目，主要包括居住、商业和文化等功能，它随着变化中的结构和街道的重要性、变化的精神和建筑的可能性、它的设计师的思想的发展，而不断增加新的内容。从整体上来说，它是一个很好地表现了形式和活动的连续和变化的实例，

那些活动（类似于新宿车站设计中花/花瓣的分析）在每一个完整的/不完整的状态下都暗示着某种起着控制作用的结构。这是处于最动态的、有机的生长和演变过程中的形式组群。

形式组群串，20世纪80~90年代

形式组群串主要出现在20世纪80、90年代的大型城市巨构中。它们试图把自己从城市中区别出来：例如1990年的东京大都市体育馆中，它同时出现在轮廓线非常清晰的基座的上方和下方。而且那里还有一条穿过基地的步行道，这条步行道环绕在那些通过建筑与环境之间空间的和临时的连接把整个建筑群彻底打开的形式周围。

在1980年之前，槙文彦的绝大多数作品都是通过组成部分之间的空间联系而形成的。但是1980年之后，他接受了两个体育馆、一个会展中心和一个国际音乐厅的项目，这些项目都要求一个巨大的单体空间。20世纪末的这些大型建筑都以结构的连接为特

征，与他早期的、比较小的建筑相类似，是按照形式组群的原则设计的。附加在这种结合上的内容是主要的室内空间的统治地位。主要的体量是巨大的、教堂似的空间，它在边界的地方变得很低矮，形成了一种庇护所的感觉。通过显示结构的肋，室内空间带上了某种令人敬畏的中世纪特征。在这些项目中，槙文彦把设计分成了各自独立的活动，并且为每一个主要的组成部分提供一个单独的空间。这些令人尊敬的单体因为闪闪发光的金属屋顶而备受瞩目。体量和形式组群之间的关系是通过模型来确定的。布局模式是建立在第一个这样的组群——1984年的藤泽体育馆——中的，在那里，对主体育馆和次要的竞技场进行了特殊的处理。它们，包括那些次要的体量，通过模型决定了一个不对称的布局。这里的凝聚力是通过巨大的实体和它们与其他的比较小的、但是非常引人注目的形式之间的连接所形成的，通常体现了彼此相关又有所区别的材料之

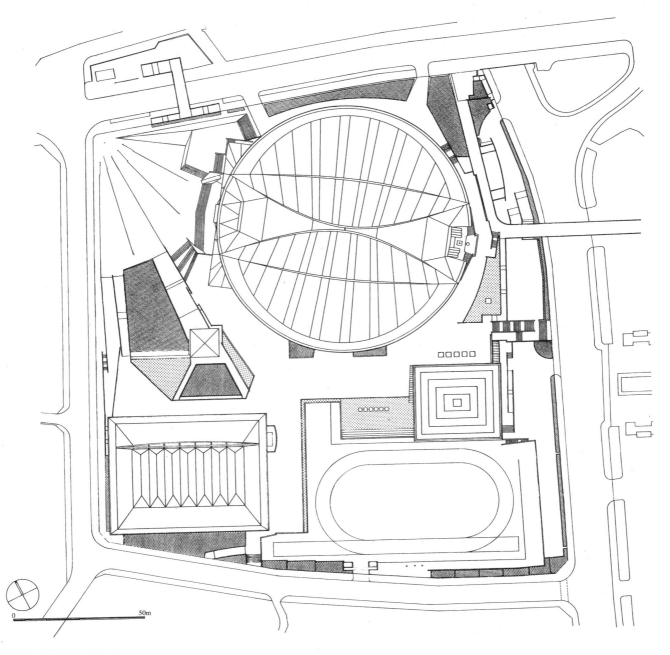

东京大都市体育馆，东京，1990。
基地屋顶平面

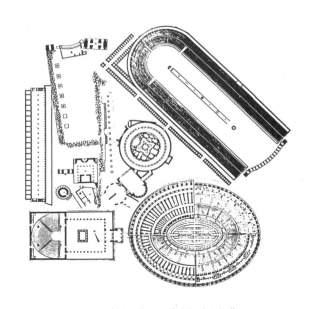

槙文彦对早期罗马体育场的比较草图

间的混合。布局不仅是由直接的相似关系或者它所带来的益处决定的，而且还充分考虑了单体和整体的各个组成部分之间富有雕塑感的关系。藤泽体育馆成了后来的东京体育馆、幕张国际会议中心和雾岛音乐厅等大型组群的榜样。

在一个相对于它的人口来说开放空间少得可怜的城市中，东京体育馆通过把整个基地当成一个全天候开放的都市平台而，形成了一个大手笔。各个不同部分（主体育馆、小型竞技场、游泳池和入口）的这种与众不同的屋顶形式从抬高的基座上穿出来，与基地之间形成了一种对话，并且暗示着下面的空间和关系。因此，在基座上整个布局的各个方向上都通过跨越空间

的联系微妙地连接在一起。它雄伟壮丽的本质通过槙文彦绘制的早期的罗马体育场和大厅的拼贴画强调了出来，他用这张画来说明隐藏在他自己的形式集后面的思想。在这样的组群串中，没有因围合而形成的完整感，但是每一个组群都有它自己的开放的、平衡的完整性。1989年的幕张国际会议中心（东京展览馆、会议中心、社交厅和其他建筑）就是一个很好的例子，它在1997年又进行了大规模的扩建（18000m²），而没有影响原始组群之间结合紧密的特质。

1994年位于九州地区鹿儿岛县一个充满戏剧性的山地建筑群中的雾岛音乐厅是一个不同的形式组群串的例子。这个建筑群中有三个与众不同的

部分：主体建筑的两个部分由不锈钢屋顶的音乐厅和一组次要的演出和排练空间所组成，第三个部分是与主体相距一段距离的露天剧场，它位于和音乐厅成直角的轴线之上。室外的舞台面向一个有着半圆形的草地座席的精致而柔和的空间。总平面的设计与先前的"云状的"建筑之间有着密切的关系，但是雾岛国际音乐厅的与众不同之处在于消失的片断，露天剧场的顶盖体现了一种既漂浮又联系的感觉，就像是绷紧的琴弦一样。2002年长野县穗高的和谐驱动扩建工程，是为一家制造太空船和天文望远镜上使用的精密仪器的公司设计的一组建筑。建筑群是由三个独立的既松散又受控制的部分聚集在一起而形成的。这三个

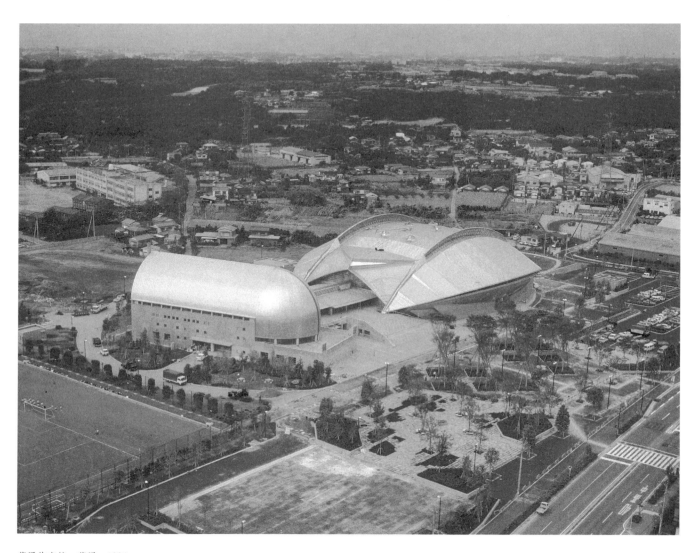

藤泽体育馆，藤泽，1984

幕张国际会议中心，一期和二期，东京海岸，1989

雾岛国际音乐厅，鹿儿岛，1994

三位一体，穗高，长野县，2002

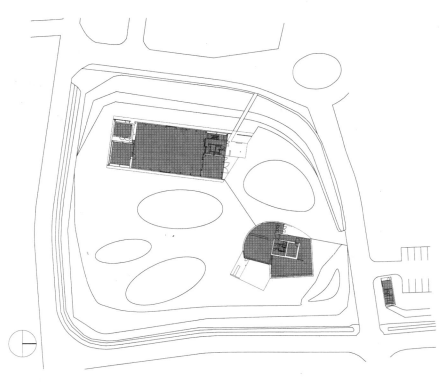

三位一体，穗高，长野县，2002。平面

部分是：一个实验室、一个美术馆和一间警卫室，它们通过它们的位置在几何关系上的对话而形成了一个形式组群的布局。它是位于日本的"阿尔卑斯山"山脚下的田园风光中的一个动态的建筑群。整个布局是从警卫室简单的矩形体量开始的，它看上去被稍稍抬高，它的一半体量悬挑于缓坡之上。实验室和美术馆形成了一种正式的关系；实验室以它的垂直方向上的曲线墙和屋顶而突出出来，美术馆则设计了一面水平向的曲线墙。

回顾槙文彦早期的职业生涯，我们可以发现他的背景和教育的混合性是与众不同的，他从中形成了一种特别的观念。而且，槙文彦以对城市的社会功能和城市公共领域的本质的敏锐感觉对20世纪60年代的情况——战后日本的现实和当代欧美城市论文中的社会理论——作出了反应。槙文彦认为，满足城市的需求的关键在于提供那些对随着时间而发生变化的城市要求作出反应的空间。同样，他相信"空间设计必须变成自发的、丰富的人类活动的根源。"[27]槙文彦的"形式组群"理论是可以根据当今城市无法预见的变化而进行调整和操作的。它是一个能够渗透和吸收的体系，允许改变和穿越。正如在山坡平台之类的设计中所证实的那样，形式组群的原则是超越了时间和空间的。此外，槙文彦跨越多种文化的背景促成了一种来自于设计师和环境、行为和场所之间的相互交流的设计方法。

注释

1 槙文彦，《关于城市和建筑的选集》，槙文彦及合伙人事务所内部刊物，东京，2000，第18页。

2 槙文彦，《从环境到建筑》，《日本建筑师》，48，3（195），1973年3月，第21页。

3 与槙文彦的谈话，东京，1995。

4 槙文彦，《从环境到建筑》，第20页。

5 槙文彦，《从环境到建筑》，第20页。槙文彦把这所学校被称作是一个"杰作"，松贞次郎，《人性和建筑·松贞次郎和日本最重要的建筑师·对话系列2：与槙文彦》，《日本建筑师》，48，9（201），1973年9月，第94页。

6 槙文彦，《东京现状》，《空间设计》，1（256），1986年1月，第140页。

7 在槙文彦的《现代主义新方向》，《空间设计》，1（256），1986年1月，第6~7页，槙文彦提到了这些经历的重要性。

8 《对东京的一种行政观点》，东京，东京市政府，1975。

9 帝国饭店被槙文彦称作是从根本上把局部的空间单元变成清晰的整体的最好实例。槙文彦，《从环境到建筑》，第22页。

10 西格弗里德·吉迪翁，《空间、时间和建筑》，剑桥，哈佛大学出版社，1941。

11 槙文彦在他的《关于形式集的说明》（对1964年同名的书的再版的一个新的"介绍章节"），《日本建筑师》，16，槙文彦专辑，1994年冬，第248~250页中，提到了格雷厄姆基金会提供的旅行对他造成的影响。

12 槙文彦（部分和杰里·戈德堡合作），《形式集研究》，圣路易斯，华盛顿大学，1964，以及槙文彦和大高正人，《关于形式集的一些想法》，《艺术和科学的结构》，编辑：格勇基·基普斯，纽约，乔治·布莱兹勒（George Braziller），1965，第116~127页，发表于最初的《走向形式组群》的英文版《新陈代谢：新城市的设计》出版之后。这些资料的日语版也出版了，并且在四个项目中进行了分析：波士顿研究、立正大学校园、高尔基结构和千里新城市房屋。而且，槙文彦还在1967年题为《四项关于形式集的研究——一个总结》的办公室文件对这个问题进行了讨论。槙文彦认为这个文件在他的作品中有着非常重要的地位，在后来的基本期刊上的相关文章，以及最近在1994年冬再版的《日本建筑师》的槙文彦专辑中的《关于形式集的说明》中也有所提及。

13 槙文彦在参观昌迪加尔的时候遇到了勒·柯布西耶。

14 槙文彦，《关于形式集的说明》，第248页。

15 雷纳·班海姆，《巨构：城市昨天的未来》，纽约，Harper and Row，1976，第70页。

16 槇文彦，《形式集研究》，第 8 页。

17 菊竹清训、川添登、大高正人、槇文彦和黑川纪章，《新陈代谢：新城市的设计》，东京，Bijutsu Shuppansha，1960。

18 槇文彦和大高正人，《走向形式组群》，《新陈代谢：新城市的设计》，在由琼·奥克曼（Joan Ockman）编辑的《建筑文化 1943～1968》中再版，纽约，Rizzoli，1993，第 321～324 页。

19 槇文彦，《形式集研究》，第 5 页。

20 槇文彦，《形式集研究》，第 7 页。

21 槇文彦在《预装配的美学和技术》中的《城市环境的未来》引用了这段话，《进步建筑》，10（45），1964 年 10 月，第 178 页。

22 希瑟·威尔逊·卡斯，《作为人类体验的建筑》，《建筑实录》，2（160），1976 年 8 月，第 78 页。

23 在《新闻与评论》，1961 年 11 月《日本建筑师》（第 8 页）中报道了建设部长采纳了槇文彦、大高正人关于楼板之间的空间用作"个人所有"的公寓和商店的多层建筑的研究中的想法。"这种思想将创造新的'土地'，这些土地可以划分成为小业主所有的空间，就像现在沿街的空间一样。"然后，当槇文彦、大高正人的研究提出混合的用途的时候，政府只打算在住宅上采用这个想法。

24 小川将贵，《槇文彦——当代日本艺术的边界》，《日本建筑师》，48，3（195），1973 年 3 月，第 84 页。

25 槇文彦，《关于形式集的说明》，第 250 页。

26 山坡西侧，一个进一步的部分完成于 1998 年，基地位于从早期阶段发展而来的、高出街道数百米的地方。

27 槇文彦，《形式集原理》，《日本建筑师》，45，2（161），1970 年 2 月，第 41 页。

高尔基结构：草图

3 城市：实行的可能性

从学生时代开始，槙文彦就非常重视城市设计，从他20世纪60年代的设计和论文中，可以看到一个连续的城市理论的根基。槙文彦的所有建筑作品中（包括他的乡村"别墅"在内）都有一种温文尔雅的都市特征，建筑中保留着某种久经世故的老练，在很大程度上体现出与环境的脱离。抛开地理位置不说，槙文彦的建筑可以被看作是一个城市的整体。他的论文中充满了城市形式的研究和概念化的城市理论。对于槙文彦来说，由各种事物集合而成的城市形成了生存的基本原理和状态，因此，必然成为建筑实践的重点所在。

如何使城市能够适应新时代的技术和不稳定的社会结构所带来的变化，已经成为整个20世纪西方建筑理论中最迫切的问题。从路德维希·海伯森默(Ludwig Hilberseimer)严格而理性的设计到弗兰克·劳埃德·赖特的"广亩城市"中四处蔓延的乡村风情，这些设计都是建立在必须提出理性的替代物来

取代已经消亡的历史城市的前提之上的。对于欧洲人来说，这一点是通过城市内部的清除和重建来实现的，而赖特的设计超越了这种做法。这两个例子都在20世纪下半叶的欧洲、美国和其他像澳大利亚那样的发达国家的城市中心和乡村中得到了局部的实施，但是事实证明它们都不能满足21世纪的城市要求。

日本的城市和欧洲的或者美国的城市几乎没有什么共同点。它们不仅在空间组织和使用模式上有着概念上的区别，而且日本人能够接受的功能要求、适当的空间分配、对于公共区域的定义和美学标准都跟西方理论有着本质的不同。[1]因此，虽然现代建筑成功地融入到了日本的城市之中，但是城市规划理论仍然令人颇感担忧，而且在很大程度上是受到了城市本身的拒绝。欧洲城市设计的大规模实施只能在像东京新宿这样的新开发区与神户的那些再利用的土地上才能看到。通常来说，这些想法看上去是人工的、

与文脉相冲突的。只有北海道札幌市的有轴线的城市规划是个例外。

绝大多数的日本城市都非常相似[2]，而且，当保守的西方标准认为它们混乱和丑陋的时候，它们可以像21世纪的日本居民所希望的那样，为他们提供了一个安全、刺激并且在全社会中得到实施的环境。而且，不稳定的、多变的冲突和无序的模式影响了城市的视觉阅读，提出了一种体现新的秩序和偏爱的不同的美学标准。出于对日本城市重建的偏爱，桥本文隆写道："事实上，实际建成的环境中的变化变得如此的理性，以至于任何一个日本社区里的居民都会在他回家的时候感到失落，哪怕他只是离开了短短的几年而已。"[3]因此，日本的现代主义建筑师所面对的城市问题与他们在其他国家的同行们所面对的问题完全不同。

作为一个东京人，槙文彦对城市有着很深厚的理解和热爱，虽然他对西方城市的认识促使他对日本的状况作出反应，但是他始终保留着对日本城

市设计的一种本能的直觉。槇文彦一直带着一种移情对日本的城市现状进行设计，对它的活跃和动态的节拍既不拒绝也不赞美，更多的是接受它的特殊本质并且对它进行处理。东京是特别地道的日本城市，对于槇文彦来说，它一直是一个参考对象。

背景

槇文彦的城市研究和因此而形成的城市理论必须要放在20世纪60年代专业领域中盛行的状态中来看，当时，欧洲激进的先锋开始提倡"十人小组"的结构主义理论。槇文彦的早期作品必须放在战后的日本的整体环境中来看，当时解决日本城市危机的研究是现实而紧迫的：现实情况要求进行激进的城市改造。

在20世纪40年代后期，日本仍然被联合国列为一个"不发达国家"[4]，在槇文彦的青年时代，东京市正遭受着战争的恶果以及由于汽车和工业垃圾而造成的污染所带来的影响。紧接着

又是炸弹的毁坏，东京很快开始了重建工作（仍是主要是木质结构）。[5]新的规划控制条件不断地进行着讨论和补充，但是它们中的绝大部分是没用的，因为它们很多都是直到重建工作完成之后才出现。因此，东京老城的那种很容易识别的模式在战后的城市规划中仍然保留了下来，它变成了新东京的一种内在的结构。虽然战争和它的后果没有对槇文彦和他的家族造成直接的影响，但是，除了大家都遭受的掠夺之外，这座城市幸存下来的过去和正在形成的现在对槇文彦早期的思想造成了很深的影响。

新陈代谢：新城市的设计

由于槇文彦是在城市重建的时候进入东京大学的，所以他的设计重点理所当然地放在了城市的重建上面。因此从他最早期的形式研究开始，槇文彦就是从城市这个角度开始工作的。那些像槇文彦这样和丹下有联系的学生，接受了他激进的结构主义设

计，这种设计思想成了"新陈代谢派"的出发点。结构主义的观点最初来自于勒·柯布西耶，后来又经过了"十人小组"的演绎。20世纪50年代晚期，丹下对这种观点产生了兴趣并且把它运用到城市设计中，当他应邀参加Otterloo的CIAM大会时，他抓住了这个展现他和其他日本当代建筑师的设计的机会。[6]日本的先锋派设计运用这些结构原则来解决土地紧缺的主要问题：必须寻找新的基地，无论它们是在空中还是在海底。[7]这种进化的发展概念是和对技术可能性的非常前卫的认识一起产生的。1955年康拉德·瓦克斯曼（Konard Wachsman）在日本作了关于灵活的预制系统的原理和应用的讲座。当时在美国的槇文彦没有参加那次讨论，但是他的一些同事参

摘自《城市中的运动体系》的总体规划，1965

加了，这种观念和日本的传统建筑是非常一致的。

　　在与大高正人合作的《新陈代谢：新城市的设计》这本新陈代谢主义者的出版物中，槇文彦第一次把他那些可以灵活调整的设计概念公布于众。这本书发行了500本，既有英语版也有日语版，并且在1960年5月东京的国际设计大会上发布。[8]这次会议给日本建筑师带来一段令人兴奋的时间，因为这是战后第一次在日本举行国际论坛。这次大会第一次给日本的改革者带来了一个让全世界的听众听到他们非常革命的观点的机会。丹下提交了他的波士顿海岸规划，新陈代谢主义者抓住了这个机会，提出了他们的观点。槇

文彦和大高正人在会上的发言相对其他大多数人来说算不上是什么豪言壮语，但是他们的思想更直接、更可行，他们提交的是他们用理性的手法设计的城市结构。[9]而且，这次会议让日本的现代主义者第一次接触到了像让·普鲁威（Jean Prouvé）和保尔·鲁道夫（Paul Rudolph）这样的国际人物。路易斯·康的出席引起了"新陈代谢派"强烈的兴趣，他的"被服务"和"服务"的空间概念以及他对运动的网络体系和作为媒介的储藏塔的重视对他们的思想发展起到了指导作用。备受推崇的"十人小组"中根据结构主义原理进行住宅和城市设计的重要人物史密森夫妇（Simthsons）的到来也是

非常重要的。应史密森夫妇的邀请，槇文彦参加了1960年在法国南部的巴尼奥勒（Bagnols-sur-Cèze）举行的"十人小组"住宅会议，和"十人小组"许多其他成员取得了联系，其中包括吉卡罗·德·卡罗（Giancarlo de Carlo）。[后来在哈佛研究生设计学院，他通过与沙德里奇·伍兹（Shadrach Woods）、耶日·索尔当（Jerzy Soltan）、阿尔多·凡·艾克和雅各布·贝克马（Jacob Bakema）的联系，进一步扩展了他和十人小组在城市设计方面的进步观念的相似之处]

　　在《新陈代谢：新城市的设计》中，新陈代谢主义者声称："新陈代谢派是一个小组的名字，在这个小组中，每一

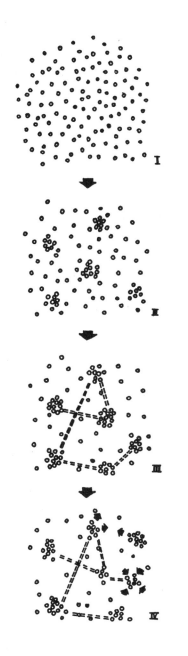

摘自《城市中的运动体系》的节点发展结构, 1965

个成员都通过他具体的设计和说明对我们即将到来的世界的未来进行设计。我们把人类社会看成一个至关重要的过程——一个从原子到星云的连续的发展过程。至于我们为什么采用这样一个生物学的词汇——新陈代谢,原因在于,我们相信,设计和技术将成为人类生命力的代表。我们并不打算把新陈代谢看作是一个自然的历史过程,而是要努力地通过我们的设计在社会中提倡积极的新陈代谢过程。"[10]

从整体上来说,《新陈代谢: 新城市的设计》中的论文提出了未来派的宣言,而槙文彦和大高正人的贡献在于提出了用一个理性的、不受限制的设计方法来解决城市的动态变化的问题。他们在《走向形式组群》一文中,第一次明确地提出了实现形式组群的目的和手段,并且用新宿车站的设计阐明了这个概念。[11] 它包括三篇进一步阐述的文章,菊竹清训的《海洋城市》,黑川纪章的《空中城市》以及川添登的《材料和人》。由于整体上比较理性的

基调,使得槙文彦和大高正人的文章看上去显得比较保守。

在《新陈代谢: 新城市的设计》中,对 20 世纪 50、60 年代的东京进行了不同的描述。菊竹清训写道:"东京这座巨大的都市因为陈年痼疾而显得筋疲力尽。她因为庞大的尺度而失去了(对她自己的)适当的控制……水平城市的边界远远超出了功能和运输的能力以及居住的标准。"[12] 而对于黑川纪章来说,东京"是世界上最大的、最令人困惑的城市"。[13] 另外,在赫希(Hursch) 1965 年出版的《东京》一书的报告中出现了这样的一个画面:"东京是一片巨大的荒野,一个由木头的立方体和混凝土块、大街小巷、运送树木、电缆和信号的河流和铁路聚结而成的体量,路上挤满了人,充斥着力量的咆哮……不管你是乘坐飞机、轮船还是火车来到这里,你都无法看到轮廓鲜明的城市结构的景象;相反,很快你就会发现自己陷入了一个漩涡。你会被一个巨浪卷走,因为

摘自《城市中的运动体系》的城市空间，1965

摘自《城市中的运动体系》的城市走廊，1965

眼花缭乱而无所适从，又会被汹涌的波涛所淹没。"[14]"新陈代谢派"就是在这样的文脉中产生的。

新陈代谢主义者的文章和设计主要关注的是城市秩序的新形式的确定，这种形式将接受技术已经占领了世界的统治地位的现实，并且开始对日本的城市复兴。也就是说，对它自己进行改变是为了要产生秩序。克里斯·法赛特（Chris Fawcett）认为这两个日语中动词"改变"——Kawaru——的词根，指的是对表现运动的书面语的改变和对某些日语中的汉字特征进行简化。某些日语中的汉字指的是那些"表达对混乱的或者杂乱的东西进行重新整理或者梳理，也就是通常所说的'改变'的意思。换句话说，'改变'被看

丹下健三和麻省理工学院的学生，波士顿海岸研究，1959

作是一种组织原则，而不是那些分裂的、变幻无常的东西。"[15]法赛特声称："《新陈代谢：新城市的设计》是建立在一个文化共鸣的平衡的基础上，这种平衡为把环境看成是一种可拆卸的装置、一种不确定的建筑中奔流的血液的观点提供了支持……"[16]从整体上来说，对一个"新陈代谢周期"内的各个部分进行接连不断的替换，就可以使城市获得新生，就像自然界中所发生的一样。这一点和佛教中的变化中的世界的概念是一致的，佛教认为在这个世界上的现象是一个暂时的状态，而不是固定的实体。这一点和日本的神道教把自然看成一个可以更新的周期的观念也是非常吻合的。这种思想和日本城市的状态是非常一致的。它

们随着自然的兴衰模式而不断地发生着变化。而且，在单个的建筑中也很容易找到与之相似的状况，在那里，"新陈代谢派"那些可以交换的和转变的各个部分与日本传统的模数建筑非常相似。《新陈代谢：新城市的设计》的扉页插图描绘了一个处于无限的空间中的漩涡状的星群，显露出一种梦幻般的情景。

后来，"新陈代谢派"（以及丹下和矶崎新）的作品于1964年在东京展出，而且，像矶崎新的空中城市（1960）、菊竹清训的漂浮城市（1960）、黑川纪章的螺旋设计、螺旋城市（1961）以及槙文彦的高尔基结构（1965）之类的作品，成为了新精神的视觉象征。虽然"新陈代谢派"的设计中所带有的未来派的活力和戏剧性与同时代的英国的

建筑"电讯派"具有某种相似性，但是它们的基本前提是不同的。建筑电讯派主要研究的是机械主义的隐喻以及由于英国的构造基础而决定的材料的暂时性，而"新陈代谢派"主要是从生物生长中吸取灵感的，尽管技术也是它的一个组成元素。它涉及到元素的扩展和替代，它的根基在于对生老病死的过程的一种传统的理解方式，这种方式完全是日本式的。

1963年，东京的建筑结构的法定限制有条件地提高了，这为"新陈代谢派"的垂直设计提供了可能性。他们那些激进的设计试图通过对基地的和建筑单元的空间结构的改革，把日本的城市从过于拥挤的状态中解救出来。这个愿望在1967年丹下在甲府设计的

雅马哈出版和广播大楼、1970年黑川纪章的博览会"试验性房屋"和东京银座舱体大楼以及1967年黑川纪章在山形夏威夷幻想世界设计的、模仿了菊竹清训的海洋城市的作品中得到了实现。[17]

1960年出版的只有《新陈代谢》，它在前言中预告了这本书有许多立足于不同原则上的人参与。制造商对预制和可交换的构件的概念很感兴趣，在一段时间内，设计和制造之间建立起了很好的合作关系，但是新陈代谢并没有作为一种可行的运动而长期延续下来。这个运动中的主要人物各自为政，并且很快往不同的方向发展了。槙文彦也从早期充满技术野心的城市巨构再生的想法上发生转变了。

然而，当1962年槙文彦作为副教授返回哈佛大学研究生设计学院的时候，他能够更全面地调整他对全面的城市研究的新的设计。同时，他还在把保尔和珀西瓦尔·古德曼（Percival Goodman）的《共产主义》翻译成日语，

并且于1967年在东京出版。[18]20世纪60年代中期是最热衷于探索建构城市形式的新方法的年代。其中，阿尔多·凡·艾克和伯纳德·鲁道夫斯基（Bernard Rudofsky）对原始的和地方的特征进行研究，他们的经验来自于自发的聚集在一起的相同的或者不同的部分所形成的组群中所有的组织力量，就像在当地的村庄中所发生的那样。鲁道夫斯基在1964年的展览和配套的图书——《没有建筑师的建筑》，为变得迟钝的设计师们打开了一个新的视野。[19]当然，槙文彦用意大利的山村来解释他对"形式组群"的定义，并且用日本的村庄作为自然形成这种布局方式的例子。在北美，J·B·杰克逊提出了一种关于路边和小城地方性的新观念；马歇尔·麦克卢汉（Marshall McLuhan）预言了一个被媒体控制的世界；巴克敏斯特·富勒（Buckminster Fuller）则对如何组织和建设一个全球化的城市作出了详细的解释。

在这样的理性氛围之下，槙文彦在

给哈佛1963～1964城市设计班学生布置的一次设计中，探索了为波士顿设计一个新的城市结构的可能性。1965年，在他的《1964年形式集调查》之后，槙文彦以《城市中的运动体系》为名发表了这项研究。[20]接下来，在1970年的时候又发表了和川添登合作的《什么是城市空间？》。[21]哈佛的波士顿研究与1951年丹下和麻省理工学院的学生所作的波士顿港研究形成了鲜明的对比。丹下的设计包括两个支撑住宅底座、交通桥梁和服务通道的框架似的巨构单元。而槙文彦的设计主要是倾向于策略性的，而不是固定的物理形式。槙文彦的波士顿设计的主要意图是一个建立在网络连接而不是固定的平面基础上的松散的组织：它的灵活性和视觉上缺乏明确的秩序和控制的特点是非常日本化的。由包括长岛弘一在内的哈佛学生进行的进一步城市研究——"南峡谷基础设施"——也是一个巨构项目。后来长岛弘一在东京成了槙文彦的同事。

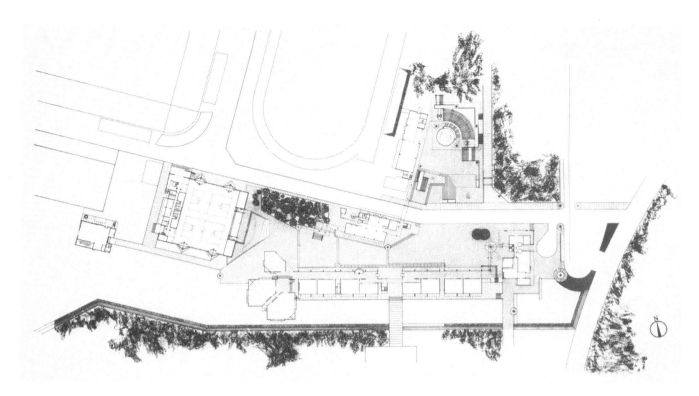

立正大学，熊谷校区，1967～1968。
总平面图

公共空间

　　槙文彦最初的空间研究主要是城市规划和单体建筑，它主要关注的是公共空间的研究，因此，都直接或者间接地与城市空间有关。在西方人意识中的公共空间的概念对于日本人来说是非常陌生的，在他们的文化中，公共空间一定是界限分明并且具有一定私密性的。他们的"中间的"或者"无"的空间内涵与西方公共区域的概念是大相径庭的。今天，日本的"外部"空间仍然保持着一种与西方"规划"和

"设计"概念相矛盾的特征。因此，槙文彦在丹下的事务所中感受到的西方设计理念和在美国进行的大量城市研究，使他在20世纪60年代的日本因为对城市设计的不同看法而显得与众不同。他把1965年在东京成立的公司取名为"槙文彦及其助手设计、规划和发展公司"，他在这个名字中明确了他的专业技能，把自己和日本主流的建筑实践区分开来。他试图用"公共"空间的概念来定义一个具有日本空间定义中的半公共或者半私密特征的空间。这些

空间可以分成两个主要的部分：首先是与中世纪的教堂密切相关的开放空间或者说"广场"，它也是在日本最主要的允许公众进入的空间；其次是在槙文彦的一些论文和设计中被叫作"城市房间"的围合空间。铃木宏之把槙文彦的广场类型描述成"一种不破坏基地上任何东西的消极结构"。[22] 最初的"城市房间"被看成是一个新的交流的焦点——更多的指的是槙文彦在类似新宿火车站中设计的空间。城市房间是从槙文彦的城市生长理论中发

立正大学，熊谷校区，1967～1968。
通过几何形体建立视觉上的联系

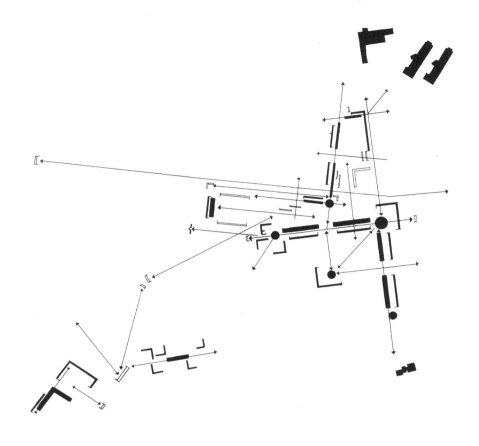

展而来的，例如，随着密度的增长，室外的空间变得越来越封闭，最后形成了像室内一样的室外空间。这种特殊的关于形式吞噬空间的形态学思想有利于引导我们开始室内的公共社会空间的设计。这些基本的形态学和功能上的指导形成了槙文彦在20世纪60年代和70年代初所有的建筑和城市规划基本结构的基础。

广场

在写于1992年的文章中，槙文彦指出虽然日本城市中缺少欧洲式的hiroba（字面上的意思是"宽阔的开放空间"），但是有大量的日本式广场。[23]他提出了与niwa（传统的举行仪式和活动的半公共空间，比如围墙内的寺庙）和meisho（一个更公共的空间，最初是用来诵读诗书的风景优美的地方，后来成了公众聚在一起欢度节日的场所）相类似的概念。槙文彦的"广场"既不是hiroba也不是niwa，而是和他的建筑中的许多特征一样，体现了两者的结合或者融合。当然，在立正大学中，

主要的和次要的开放空间也许应该叫作"庭院"更好一些，因为它们暗示了一种围合的方式，而且在用途上更接近于niwa，而不是像槙文彦所选择的"广场"这个词所表达的那样。

立正大学

1966年，槙文彦开始了立正大学熊谷新校区两个阶段的设计。这个项目的整体规划和建筑方案给他提供了一个在重要的、具有参与特征的"城市"原型中运用他的理论的机会。与

高尔基结构，1965

先前的"形式集"一样，整个校园是由沿着两条成30°的轴线布置的两组松散的联系在一起的建筑组成的，通过几个附属的空间界定了主要的室外空间。[24] 布局中的秩序很难一眼看出来，因此小川将贵评论说："从校园的鸟瞰图中，可以看到建筑通过一种接近无序的排列而朝向一个长长的、带状的开放空间。"[25] 最好的巩固整体布局的元素是一个长长的矩形体块，它形成了"广场"的边界，并且以静止的、固定的姿态起到了与其余的那些自由排列的建筑相抗衡的作用。1969年的mogusa市中心设计体现了一个类似的策略。在那里，槇文彦在界定了L形围合的商场的规则体块之间，建立了一个动态多变的开放空间，为松散的连接在一起的银行和邮局的单体建筑提供了一个锚固的地点。

立正大学的空间单元之间有着高度的复杂性和各种各样的变化，但是它们之间仍然有着明显的一致性，这从某种程度上来讲是因为统一的材料和细部而造成的。除了几乎没有外在的控制之外，这个设计是用精确的、经过理性分析的几何形体进行设计的。组群之中的结构有着一种由建筑之间非常仔细地建立起来的视觉联系而形成的、明显的一致性，通过这种方法，它们看上去显得彼此熟悉，而且通过

介于其中的空间进行对话。[26]

立正大学校园规划是非常理性地建立在"满足未来社会需求的空间体系必然是一个双重系统：一方面是高度的功能化；另一方面又是极端灵活的"这个理论基础上的。[27] 因此，功能空间对于即将在其中进行的行为来说有着特殊的意义，联络的空间可以包容自发的和各种各样的行为。立正大学的基本空间类型包括具有特殊用途的"功能"房间，比如说教室、图书馆和体育馆；以及作为连接的、发生所有其他功能的"联络空间"。联络空间在设计中起着主导作用，它们依次被分割成线形的"走廊"和"步行街"，静

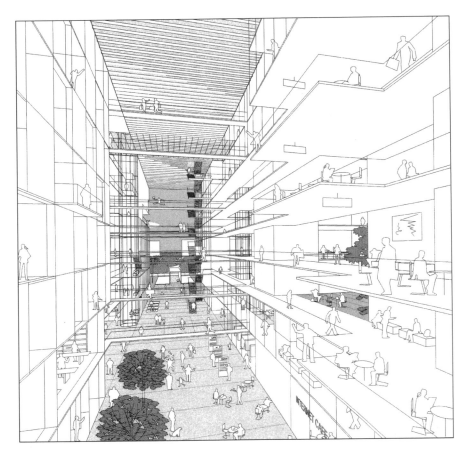

ITE，新加坡，2002。剖透视

止的"车站"空间和"广场"空间的延伸，既可以作为休息空间，也可以作为通道。这些不同的空间类型同时在建筑的室内和室外出现，通过玻璃墙和开敞的拱廊融合在一起。在类似主广场的二次划分中，存在着进一步的等级秩序，它自己就变成了一个接近矩形和一个接近三角形的区域。这个集中的空间中包括大量的互不干扰的空间、小一些的袖珍空间、在入口处被抬高的平台（槙文彦称之为"舞台"，并试图由此而为人们提供不期而遇的场所），还有其他能够激发各种各样的行为的空间划分。1971年，槙文彦在《日本建筑师》中非常诗意地对空间和连接进行了描写，他是这样写的："想要为人们创造一个不期而遇的空间，就需要对建筑的领域进行扩展；那就是，像我张开双手一样把建筑打开……你可以把广场看作是扩展了既定的建筑领域的那只张开的手……而且……我

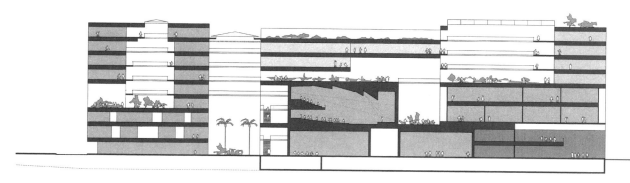

ITE，新加坡，2002。剖面

喜欢想像那些通过叠加而向彼此张开双手的建筑。"[28] 立正大学在空间上形成了一曲不同用途的空间的交响乐，非常有说服力地证明了槙文彦的建立动态平衡的组织原理的概念，这种组织原理把各个部分统一起来，形成了没有了静态的传统组织秩序的空间。

高尔基结构／城市房间

20世纪60年代初，在进行城市发展设计的同时，槙文彦还从事了对城市生长的抽象研究。这些研究主要针对根据生物原则把室外的公共空间包围起来的形式的三维实践。在神经学家卡米罗·高尔基发现了高尔基体之后，槙文彦把它们命名为"高尔基结构"。这些高尔基体指的是可以和其他细胞结合成系统的多极细胞。[29] 在它之上，槙文彦发展了一种在城市的不同中心之间建立起可能的连接的原理。通过非常抽象的模型，槙文彦指出通过设计它空的部分——也就是说，它的街道和广场——来形成城市，然后才是随着时间的流逝而越来越密集的建筑。也就是说，室外空间创造了实体的形式。最初的室外空间逐渐被吞没而变成了室内空间。而这些室内空间，由于它的起源是室外空间，所以依然保持着它们的公共属性和功能。1967年，槙文彦写道："关键是（建筑或建筑群）体量的密度的增长，外部空间对建筑最终形式的影响变得越来越大了……室内的发展趋势变成了预置的室外空间的结果，并且在过程中把这个预置的室外空间变成了室内化的外部空间。"[30] 后来，他在他的草图本中表达了类似的互换联系，在那里他写道："外部空间穿过了室内，就像它在室外的延伸一样。建筑的边界就是这两种不同的空间发生冲突的地方。"[31]2002年，槙文彦在新加坡设计的ITE，体现了他一直以来对城市进行思考的方式，这种想法在山坡平台那些遵循素来备受推崇的"在……之间"空间的传统的、彼此渗透的体量中得到了最好的表达。

虽然立正大学熊谷校区主要是一个以城市的名义进行的空间实验，但是它主要的入口聚集空间、一个有着纪念性楼梯的雄伟的多层空间（槙文彦的设计中第一个纪念性的室内楼梯）可以被看作是槙文彦的"城市房间"概念的一个实例，或者说他对室内的"室外"空间理解的一个代表。"城市房间"是城市中一个没有定义的多功能节点，在被称为"城市走廊"的连接体系中扮演着焦点的角色。槙文彦写道："连接只是城市的黏合剂。它就是我们把不同的行为层次统一起来的行动，它是在城市中产生的……最后，连接是城市中各种体验的聚集模式。"[32] 城市房间和连接的概念来自于他在《城市中的运动体系》中对"城市房间"的研究。在1961年的讲座（1963年又进行了修

市民中心，千里新城，横滨，1969

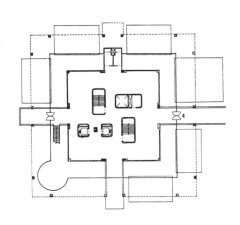

市民中心，千里新城，横滨，1969。夹层平面

改）中提出了大阪堂岛地区的混合发展计划——其中提到了共享的公共服务设施和两个被看作是"绿洲"的"城市房间"广场。[33]这个大型的设计是围绕在为未来的发现预留了节点的运动体系的周围而组织起来的。J·M·理查德在1963年《日本建筑之旅》中对槙文彦的作品进行了评论，他说："1961年，他（与竹中公司合作）提出了就在主要商务区对岸的大阪堂岛地区一个颇具远见的复兴计划，在那里，他引入了步行区和包括公共设施的超级街区。"[34]在《城市中的运动体系》中，槙文彦把"城市房间"描述成一个运动的场所、一个系统交换和信息交流的地方。但是最重要的，它的功能将使它成为一个聚集的场所，在那里，"人类的行为汇聚到一起，相互作用，并且重新转移"。而且，它还将成为一个"传统的人类——从他自己到市民身份——的体验场所"。[35]波士顿的设计是建立在通过不同的走廊连接在一起的节点所组成的系统之上的，它在一定程度上反映了东京的城市结构。在东京的城市结构中，铁路网和火车站产生了一定的秩序。在波士顿的设计中，对节点的研究主要是针对为城市的社会生活提供巨型的室内集会空间而进行的：为人们的集会和活动提供一个遮风避雨的、真正公共的空间。从实际上或者是概念上来讲，"城市房间"最多地出现在槙文彦早期的设计中，比如立正

金泽沃德办公室，横滨，1971。
轴测图

大学、1969年的千里新城的市民中心、1974年的横滨金泽的沃德办公室和社区中心以及1974年的筑波大学体育和艺术中心大楼。

高尔基结构的起点是一个能够接纳各种行为的公共空间的抽象概念，而"城市房间"的出发点是需要定义和庇护的聚集和交换——这两者通过行为和空间的布局在它们所达成的平衡中相互补充。高尔基结构的探索和"城市房间"的研究描绘出了在槇文彦的第一个重要的城市设计中就已经定形的思想的轮廓线。

千里新城

在千里新城中，槇文彦试图把他对空间构造的看法运用到公共广场上具有政治意义的单体建筑的内部和外部空间，以及公共空间和私密空间之间的关系中去。这个项目提供了一个好的实验背景，因为它把具有多功能设施的室内外公共空间、私人的办公空间和面对面的城市商业、文教剧场和会议室诸如结婚礼堂之类的社会活动空间和包括银行与商店在内的商业设施连接起来。和槇文彦这个时期的大多数建筑一样，千里市民中心通过一个界限分明的开放区域从周围的环境中分离出来，在这个项目中，一个被抬高的基座（翻译成日语就是"被抬高的za"）上有着不同标高的平台。这些建筑明确的边界线令人回想起niwa的围合。

这座建筑是一个当之无愧的"城市房间"，它的基本设计原理是一个介于室外广场和室内核心设施之间的内部区域。这个区域所包括的设施是多功能的，但同时也是一个大量的人流"交流"的地方。在这里，槇文彦采用了与立正大学的广场和门厅相类似的处理手法。这个空间被想像成一个展示空间，槇文彦和他的助手们设计的展板使空间变得丰富而生动。交通路线从不同的标高上穿越这个空间，体现了建筑的活动，并且吸引着千里的人们对它的关注和参与。槇文彦对这个项目寄予了很高的期望，但是结果却令他很失望，管理人员对预期的效果也没有表现出很大的兴趣。[36] 然而，千里新

筑波大学体育和艺术中心大楼，茨城，1974。
中心入口空间

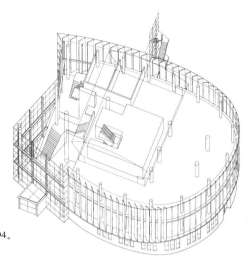

研究生科研中心，庆应大学，藤泽校区，1994。
轴测图

城市民中心体现了一种一如既往的、想要创造一个动人的开放的公共建筑的愿望，这个公共建筑的室内空间和开放的城市广场一样，也是公共的。

金泽

金泽沃德办公室的设计开始于千里新城即将完工的时候。它延续了在千里新城中开始的空间探索，但是现在，尽管包括基地在内的各个方面都受到了限制，它仍然被设计成一个更加开放的布局，为探索新的空间体验留下了余地。然而，在金泽的设计中，槇文彦看上去又从千里新城空间组织中那些非常理性的、多种标高的思路上往回退了一步。他在沃德办公室中设计了一个庭院，这个庭院理所当然地被赋予了"城市房间"的精神，但是这次它是一个露天的、可以通过周围

的玻璃墙俯瞰到的空间，而不是像千里新城那样主观地或者有意地把它与特殊的功能空间结合在一起。然后，槇文彦试图把它设计成一个通过玻璃墙强化个人对其他人的认知的高尔基结构，并且因此而强化社会关系。这座建筑也有一个抬高的基座，它有意识地与喧闹的基地隔离开，隐藏在矩形建筑体量两侧的实墙后面。和之前的设计一样，槇文彦在被基地所限定的生硬的几何体块和报告厅之类的布局中相对自由的形式之间取得了平衡。由于它受到的限制更多，因此金泽沃德办公室中没有千里市民中心那样的室内空间；它在空间上更加放松，因而也更多地是从功能上进行解决。

筑波

这个早期的发展阶段之后，槇文彦

最成功的"城市房间"就是筑波大学主楼有着巨大的屋顶的、半围合的中心空间。和槇文彦1961年在名古屋大学设计的、位于一条新的高速公路尽端、并且在视觉上形成了大学轴线上的大门的丰田纪念堂一样，筑波大学主楼横跨在校园的主轴线上，形成了一个巨大的门。这座严肃而俊朗的建筑是槇文彦为数不多的玻璃建筑作品之一——另一个是丰田纪念堂——它的力量和形式在一定程度上来自于某种对称。中间的公共空间不仅使校园的两个区域既分隔又联系，同时还起着分属不同部门的两翼之间的过渡作用。另外，中间的"站"是最雄伟的地方，这个通高的空间里也有一个引人注目的楼梯。在这里，一个动态的、颇具雕塑感的、开放的、几何形钢梯把上面的5层联系起来。这个居中的大门空

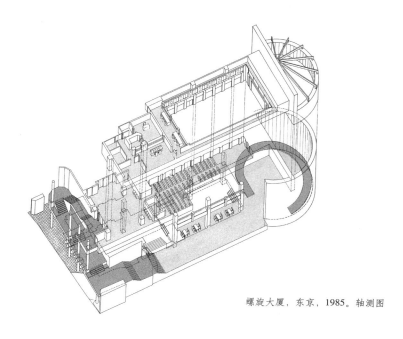

螺旋大厦，东京，1985。轴测图

螺旋大厦，东京，1985

间或者说筑波大学的"井"，既是室内的也是室外的，它由在建筑内部和跨越小院所产生的运动所控制。同时，它创造了一个停车场、自行车道、聊天和喝咖啡的场所。

槙文彦的广场和"城市房间"在传统的日本城市规划的组织原则和空间思想中是没有直接的先例的。但是，它内在的思维模式——行为、然后是围合、然后是空间的填充等等——在本质上还是日本的。马林（Marlin）在写到筑波大学的时候，谈到了槙文彦的空间中的这种本质："……是他创造房间的空的地方——也就是虽然没有用但又无法用色彩、光和运动来填满的空白——因为它刻意地成为一个善于

接受的容器……"[37]

在这些早期的设计中确定下来的手法和主题在槙文彦后来的作品中依然清晰可见。在他的城市设计中，常常会以这样或那样的形式出现"广场"或者"城市房间"的概念。也许我们可以把在1993年的庆应大学藤泽校区研究生科研中心的设计中占据统治地位的"阁楼"研究空间看作是一个与"城市房间"相类似的概念，它不仅提倡研究人员的聚集，而且对借助电子传送手段从世界各地来到这里的研究小组表示欢迎。[38]1985年的螺旋大厦代表了一个高度发展的城市房间，它为人们提供了一个被文化和商业活动所包围的新型的城市集会空间。槙文彦声称：

"这座建筑的重要性在于它的新型社会空间。"[39]

最近被比作相互联结的空间的三维矩阵的麻省理工学院媒体实验室，就是追随着"城市"房间的概念而建成的。分成两层的中央大厅里是公共的空间，它起着连接现有的媒体实验室的作用。这个大厅周围两倍高的实验楼形成了相互关联的空间之间一个连续的层叠关系。这座计划于2005年完成的建筑把20世纪60年代的主题带进了新的世界。

注释

1 在《关于日本建筑之谜的一个外部观点》,《日本建筑师》, 52, 3, 1977 年 3 月, 第 72～84 页中, 我试图表达这种状况。其他的非常精彩的关于日本城市的讨论可以参看巴瑞·薛尔顿 (Barrie Shelton) 的《向日本城市学习:西方和东方在城市设计中相遇》, 伦敦, E&FN Spon, 1999。

2 札幌是一个明显的例外。

3 桥本文隆,《一幅日本青年建筑师的肖像画》,《Domus》(618), 1981 年 7 月, 第 34 页。

4 诺埃尔·伯奇(Noël Burch),《给远处的观察者:日本电影中的形式和意义》, 伦敦, 学者出版社, 1979, 第 281 页。

5 伯藤德·伯格纳 (Botond Bognar),《当代日本建筑:发展和挑战》, 纽约, Van Nostrand Reinhold, 1985, 第 84 页, 报道了 420 万间房屋被毁, 这个数字是所有房屋数量的 1/4。119 座城市被毁;其中 28 座城市内 70% 的房屋被毁, 10 座城市内 80%～90% 的房屋被毁。

6 矶崎新和丹下一起参加了 1960 年的东京设计。在 Otterloo 的 CIAM 大会上, 丹下展示了 "海洋城市", 菊竹清训展示了 "高塔城市"。

7 早在 1958 年就提出过东京海岸的部分设计。

8 参看菊竹清训、川添登、大高正人、槇文彦和黑川纪章的联合出版物,《新陈代谢:新城市的设计》, 东京, Bijutsu shuppansha, 1960。

9 槇文彦,《形式组群的原理》,《日本建筑师》, 45, 2 (161), 1970 年 2 月, 第 39 页。

10 川添登,《前言》,《新陈代谢:新城市的设计》。

11 和竹中公司的堂岛项目和 K 项目。

12 菊竹清训,《海洋城市》,《新陈代谢:新城市的设计》, 第 13 页。

13 黑川纪章,《空中城市》,《新陈代谢:新城市的设计》, 第 80 页。银座舱体大楼, 东京, 1972, 和他在 1970 年大坂世博会的 "试验性房屋", 为以固定和插入两个部分为基础的秩序原则的运用创造了机会。

14 伊尔纳德·赫什 (Ernard Hursh),《东京》, 东京, Charles E. Tuttle, 1965, (页码不详)。

15 克里斯·法赛特,《日本新住宅:仪式和反仪式:居住模式》, 纽约, Harper Row, 1980, 第 17 页。

16 法赛特,《日本新住宅:仪式和反仪式:居住模式》, 第 17 页。

17 菊竹清训的漂浮城市中的一部分最终在 1975 年冲绳世界博览会水上城市中建成。

18 保尔和珀西瓦尔·古德曼,《共产主义》, 东京, 彰国社, 1967 (槇文彦译)。

19 伯纳德·鲁道夫斯基,《没有建筑师的建筑:没有家谱的建筑的简介》, 纽约, 现代艺术博物馆, 1964。

20 槇文彦,《城市中的运动体系》, 剑桥, 马萨诸塞州, 研究生设计学院, 哈佛大学, 1965。

21 槇文彦和川添登,《什么是城市空间?》, 东京, 筑波出版社, 1970。

22 铃木宏之,《槇文彦作品中的文脉和风格》,《日本建筑师》, 54, 5 (265), 1979 年 5 月, 第 67 页。

23 槇文彦，《Hiroba 和 Niwa》（未出版的英语版），翻译：渡边一藤宏，《Kioku No Keiyo：论文选集》，东京，鹿岛出版公司，1992。

24 这个项目的最后阶段没有建成。

25 小川将贵，《槇文彦——当代日本艺术的先锋》，《日本建筑师》，48，3（195），1973 年 3 月，第 82 页。

26 关于它在实际上是如果实现的问题在《有多种空间的校园》，《建筑论坛》，1970 年 5 月，第 35～39 页中有很好的解释。

27 《立正校园和公共空间》，未经发表的槇文彦及其合伙人事务所的文件，1968，第 6 页。

28 槇文彦，《关于广场的想法：回忆。从名古屋大学丰田纪念堂到横滨金泽沃德办公室加固》，《日本建筑师》，46，12（180），1971 年 12 月，第 39～50 页。阿尔多·凡·艾克采用了关于张开的手的比喻，而勒·柯布西耶在昌迪加尔以完全不同的方式采用了同样的隐喻。

29 罗斯写道："高尔基体是因 19 世纪意大利理学家卡米罗·高尔基而命名的，他由于对神经元的基本研究而闻名于世。1883 年，他在对中枢神经系统的研究中发现能够和其他神经细胞建立联系的多极细胞。这项研究最终导致了另一位科学家发现了神经元。"麦克尔·弗兰克林·罗斯（Michael Franklin Ross），《超越新陈代谢：日本新建筑》，纽约，建筑实录：麦克劳-希尔出版社，1978，第 30 页。罗斯的照片和简介见第 32 页。

30 槇文彦，《四个形式集研究——一个总结》，未经发表的槇文彦及其合伙人事务所的文件，1967，第 1 页。

31 槇文彦，《破碎的图像：建筑画选》，东京，求龙堂艺术出版社，1989，页数不详。

32 槇文彦，摘自《关于形式集的说明》，发表于《日本建筑师》，16，槇文彦专辑，1994 年冬，第 269 页。

33 槇文彦，《最后的摩天楼》，（《日本重建》系列之第四卷，第 139～143 页，出处不祥）。

34 J·M·理查德，《日本建筑之旅》，伦敦，建筑出版社，1963，第 185 页。槇文彦非常幸运，他和日本最大的建筑公司之一竹中公司有着家族关系，该公司对他的实践提供了有力的支持。

35 槇文彦，《城市中的运动体系》，第 17 页。

36 槇文彦，《关于广场的想法》，第 42 页。

37 威廉·马林（William Marlin），《网格的生长：筑波大学主楼》，《建筑实录》，1977 年 4 月，第 111 页。

38 槇文彦，《空间、形象和材料》，《日本建筑师》，16，槇文彦专辑，1994 年冬，第 8 页。

39 与槇文彦的对话，东京，1995。

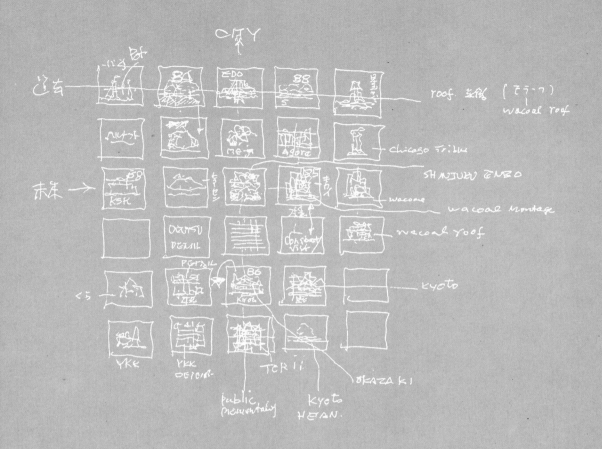

Impression note

4 秩序：秩序的编排

对于所有可以从日本建筑中找到的基本秩序来说，最全面的、同时也是最深刻的是一种无处不在的秩序感——这种精确的建筑组织可以毫不费力地延伸到对广度和深度上的控制，把内在的形式和空间的模式组合成一个独一无二的有机整体！[1]

卡弗接着说："长期以来与原始的自然之间的接触导致了日本人对自然形式的高度尊重：他们在自然的形式中找到了一种让他们感到被无情地联系在一起的、更强大的秩序。"[2]从他开始从事设计行业的时候起，槇文彦就认为设计师的作用就是——"用想像的和能够起作用的秩序对既定的形式加以控制。"[3]槇文彦的设计，无论是城市规划还是细部设计，在概念上都是出自于本能的网络之中取得的平衡，以及对各种指令的引导和控制。然后，这些指令就变成了解决问题的工具，但是它们仍然是难以捉摸而不是显而易见的。

在整个历史中，既定的环境被建立起来了——不管是有意还是无意的——并且反映出创造它的文化的精神的和社会的秩序。城市和它的建筑，它们的状态、布置和格局在一定的文化框架之下是很容易理解的。城市的模式体现了它的本质；建筑群建立起了关系并且界定了空间；单体建筑，根据它们的尺寸和样式，叙说着它们的身份和价值。整体环境提供了单体建筑能够阅读和理解的信息。现代城市的高速公路和摩天大楼在继续展现着一种容易理解而充满启示的秩序。通常大家都认可的一种观点是21世纪的生活环境将变得越来越广阔和相似，无论是现实世界还是虚拟世界。当代的建筑和社会理论都非常关注未来城市和它的建筑是否能够形成单体和整体、特殊和普遍、个人和全世界之间、让人容易理解的关系模式。最重要的是创造一种既能包容全球性又能体现个体的身份、倾向和方向的环境的方法的界定。

也许有人会问："什么是秩序？"

在这里，也许有人会像阿尔多·凡·艾克那样回答说："秩序就是让混沌变得可能的东西"，并且补充道："也是让认识变得可能的东西。"[4]秩序的概念随着复杂和混沌理论在物理学上的传播而发生了根本性的变化。尽管如此，日本人对秩序的理解从来也没有过西方思想中的亚里士多德和笛卡儿原理那样的清晰和死板。正如卡弗所说的："所有的关系都是简短的、微妙的，鼓励人们进行整把握体的想像。"和日本的许多表达方式一样，秩序不必是显而易见的，而是隐藏的。[5]

槇文彦在20世纪60年代的作品建立起了贯穿于他整个职业生涯中的原则，它们形成了与时间的变迁相一致的动态"秩序"的框架。槇文彦的"秩序"来自于他对局部和整体之间的关系的理解，他所建立的原则跨越了从建筑在历史文脉中的位置到城市文脉中的个体的各个范畴。这个设计体现了一种灵活地把它们联系起来的秩序和模式。随着时间和文脉的变化，秩序也发生着变化。而且，对于对槙文彦的建筑的理解来说，有必要在全方位上把对文脉的理解进行延伸。也就是，局部以同样不固定的、交互的方式与整体联系在一起，无论是建筑和城市、元素和建筑还是细节和元素。在他早期的旅行中，槙文彦从当地小镇的美中发现了这样的关系，在那里单个的元素虽然与整体布局融为一体，但仍然保留了它自己的活力。然而对于槙文彦来说，局部和整体的概念同时加强了社会的和物理的联系。这些建筑被看成是体现和传达了时间和场所的秩序，并且因此而形成了方向和身份的作品。

整体和局部

在《走向形式组群》的论文中，槙文彦和大高正人写道："虽然我们认识到了作为组群中的元素的单体建筑的发展，但是我们仍然希望通过组群创造一个整体形象，这个形象再一次对我们自己生命过程中的生长和衰亡进行了反映。这是努力寻找一个与不断变化的整体和它的各个组成部分相关的形式的过程。"[6]《走向形式组群》阐明了阿尔伯蒂关于美和封闭的格局的静态的格言，以及被称作"形式组群"的动态布局。它提到了阿尔伯蒂的"元素和被表示为'整体 = Σ元素'的整体之间静态关系，以及因此而形成的平衡，当我们从组群中抽走一个元素的时候，这种关系和平衡就被破坏了。另一方面，在形式组群中，这种关系被表示为'整体 ⊃ Σ元素'，这里的⊃指的是包含。在这里，整体包括元素；换句话说，不管元素是减少还是增加，组群的整体形象基本上是不变的。"[7]

但是，槙文彦提醒说："对于整体来说对它的组成部分进行调整，以及对于存在于两者之间的张力来说，理想的建筑状态是让每一个部分都对整体有意义。但是这些状态说起来容易，想要达到却很难。如果整体太过单纯，组成部分就会失去个体的身份感。如果组成部分太过个体化，整体又很难形成一个有机的统一体。"[8]

文脉

各个组成部分之间的对话形成了对场地来说既独特又特殊的建筑。对于槙文彦来说，这就是20世纪80年代的评论家所说的、他的作品中的"文脉"。[9]从这个词后来在建筑中的运用来看，由于槙文彦的作品很少是直接从基地的视觉特征出发的，所以人们往往会对"文脉"这个词产生误解。因为虽然槙文彦说"每一位建筑师都应该对场地很敏感"[10]，但是他又说建筑师必然会遇到决定如何对环境作出反应或者决定选择什么样的新特征的问题。因此，槙文彦的建筑是以一种转化的方式对既定的环境作出处理的。因为，就像渡边一藤宏所指出的那样，"日本没有西方那么多的文脉。"[11]日本通过改变场地或者在上面来对环境作出反应，而不是被环境改变或者说从环境中索取。1996年荷兰格罗宁根的漂浮馆中的剧场非常清楚地说明了这种对抗，这个剧场通过自己的形式和设计对它所进入的每一个基地都作出了改变。

漂浮馆，格罗宁根，荷兰，1996

在他早期的城市规划和研究高尔基结构的模型中，槙文彦都对这种特殊的文脉主义形式进行了研究。它基本上包括从最初的并列关系中发展而来的系统内的关系和随着时间而发生的变化。也就是说，在一个集合中，形式在"无论是在设计中还是实际操作中，系统中生长的……元素和生长的模式是一个相互对应的……反馈过程。"[12]槙文彦的文脉主义的框架是通过新陈代谢的变化模式和他的相互对应的理论中内在的主要交换建立起来的，包括单体/集合的合作本质。

槙文彦的建筑还通过对基地彻底的拒绝来对它作出反应，与之背道而驰，让建筑形成自己的氛围。因此，虽然建筑在很大程度上是由文脉决定的，但是它们的关系并不一定是调和的，而且完全没必要一定是建筑屈服于场地。在历史上，日本的场地设计za的含义也许可以说明槙文彦对待场地的态度中，某些内在的东西。槙文彦认为za是一个事务或活动的所在地和场所。他写道："Za是在实际的或者象征性的平面中，用来把某一领域中存在的和不存在的各种单一元素联系起来的概念。例如，不同的独立元素通过za而彼此联系、相互扶持或者服从。"而且，"Za也可以被说成是把一眼看去显得贫乏而毫无吸引力的基地的内在潜力发挥出来的手段。"[13]

在槙文彦的社会空间的研究和设计中，隐含着某种基本的观点。第一个和第二个观点是相互对应和相互补充的，并且导致了作为解释的第三个观点的产生。第一个观点是建筑空间是为了人的活动而存在，并且由人类所创造的。第二个观点是空间是人类活动的创造者或者源头，因此而形成了第三个观点——设计和发展来自于空间和人类活动之间永不停止的交流和反馈。

对于槙文彦来说，如果从——建筑脱离了环境和文化将变得毫无意义，因为它对时间和场所都会作出反应——

地方体育中心，大阪，1972

这一点上看，"文脉"这个词是非常正确的。槙文彦在1970年的评论很好地总结了他的文脉主义："建筑的最终目的是创造为人类服务的空间，为了达到这个目的，建筑师必须从历史、生态和活动环境的角度去理解人类的行为。"[14]这种关于建筑目的的思想和达到它所必需的全球化视野在日本的先锋人物中是很少有的。然而，槙文彦写道，他对建筑的兴趣很适合于既定的物理文脉。例如，在他对圣玛丽国际学校和大阪地方体育中心的基地的反应上，就发生了很大的变化。圣玛丽国际学校的林荫道令人心情愉快，在那里建筑被分成了很小的部分，插入到整个环境中去。而在大阪地方体育中心，空间单元被设计成一个整体，因为特殊的基地需要有一个有力的形式。在体育中心，屋顶向着周围的房屋倾斜，但是在河道一侧屋顶则开始上升，从而和周围的工厂的尺度相协调。张景裕（音译）在关于槙文彦的"巨构"的《日本建筑师》中写道："显然，他的设计目的并不是要把这些概念发扬光大，而是要成功地创造出与人的心理感受高度一致的、包容的、具有很强的文脉感的建筑。"[15]这种以相关的、人文的手段处理先进的、大型的技术结构的能力使得槙文彦的设计在20世纪90年代的巨构中独树一帜。

槙文彦早期的文章和设计证明了他从一开始就对基地非常关注，并且非常重视在建筑设计和基地、规划、文化背景、行为模式、社会需求、城市状况以及全球环境之间建立一种共有的和谐关系。槙文彦在现实和社会的角度都追求着这种和谐关系，他把这种关系称作是"生态平衡"或者"社会平衡"。[16]1968年关于立正大学设计起源的说明很清楚地解释了这句话的意思："任何对它们（建筑空间）的评论都不能仅仅考虑现实环境，而不把人类行为和物理环境之间的相互作用所产生的整体'情况'考虑在内。"[17]在这里，局部的小尺度体系和材料与总平面设

圣玛丽国际学校，东京，1972

计中大尺度体系之间的相互作用产生了一个与槙文彦的意图一致的、非常具有说服力的解决方案。

对话

在写于20世纪80年代的《日常生活实践》中，德塞都（de Certeau）对城市设计师的作用的要求的转变，仅仅是从材料和空间感受的角度去考虑城市的布局形式，变成了一个从时间的角度进行思考的设计师：也就是说，一个虽然占据了空间但是从任何制约角度来看都是不受限制的设计角度；设计师关注的是可能性和活动。他用"战略家"和"战术家"这样的词汇来定义这些人所扮演的角色，把今天传统的设计师看作是在空间的背景中的"战略家"，致力于边界的确定和空间的定义。另一方面，他把"战术家"看成是从人类活动的角度看问题的人。为了包容"战术家"，"战略家"必须拒绝"设计"而保持"没有设计"的、不确定的、可渗透的和具有适应能力的状态，并

且具有包容和变动的潜力。[18]

槙文彦在20世纪60年代的文章和作品清楚地证明了他首先是"战术家"其次又是"战略家"的双重身份。正如威廉·马林所说的那样，在筑波大学主楼的设计中，也许槙文彦会问自己说："哪一个更加重要，是走路的本质还是步行道本身？"马林给出了答案："当然是走路。"[19]而且，即使是在这个早期的作品中，槙文彦也采用了一个解释方法来做设计，把"战术家"和"战略家"的设计作用看成是通过两者之间的交流反馈而相互补充的。他对这种交流的概念进行了扩展，把设计和环境之间的关系给包含到了里面，把它称作是建筑师和时空的对话。

这种想法既体现了日本传统的时间、空间和设计之间的关系概念，又反应了西方的后结构主义理论，体现了两者之间的密切结合。在它的建造和连接过程中，槙文彦的建筑反映出对世界的时间秩序和个人与它的关系的理解的转变。这一点在他的作品中所建

立起来的联系中得到了反映，它把槙文彦早期以立正大学为代表的、对"形式组群"的研究中集合内部的交流，延续到了他20世纪70年代的古典主义风格的作品中，并且继而又延续到了80年代在"螺旋"的华歌尔大厦立面上所表现出来的破碎的、不完整的整体的理论之中。与之交叉进行的是20世纪80年代晚期和90年代的主要设计作品，例如藤泽的庆应大学。这些作品体现了一种与那个时期尺度较小的单体建筑中松散的、动态的相互作用相对比的理性秩序。

槙文彦的立场来自于对建筑师的干预所产生的影响是好还是坏的思考。那些他认为是恰当的东西来自于建筑师个人对物体之间、人和物体之间的关系的理解。基本上，它是一种有着参与者之间互动的、解释性的阅读方式。在任何情况下，这些关系和反应都来自于特定的环境。他用"和睦"这个词来形容他所追求的设计、环境和建筑之间的关系——这是一个是向资源丰

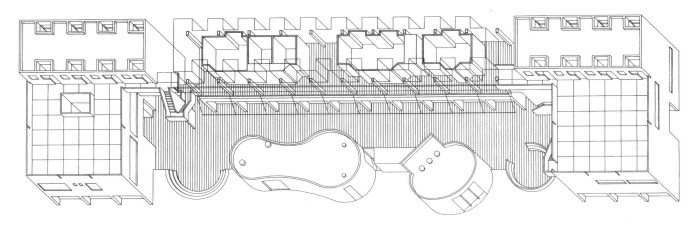

Mogusa 城市中心，东京，1969。
轴测图

富的基地索取还是给予的问题。这就是建筑师的对话的意图，在槙文彦看来，它来自于特定的环境、可用的技术条件和包括继承下来的知识、传统、种族文化与哲学在内的历史文化资源之间的对话。这个对话是在建筑师能够给予的东西和基地所能提供的东西之间进行的。槙文彦认为建筑师的作用来自于他的"固有的风景"或者"想像的风景"——这都是很私人的东西。槙文彦用奥野竹生的《文学固有的风景》来解释建筑师个人给设计带来的影响。[20]就像奥野竹生所描述的，个人固有的风景不仅来自于过去的经验和印象，还跟从文化和家族中继承的东西有关。槙文彦还用"内在的风景"来形容每个个体的内心世界，这就是建筑师带给每个设计的东西。

如果从这种全局观点出发，我们会发现一件很有意思的事情，那就是

对于槙文彦来说，城市主义者、自然和自然景观并没有在很大程度上从材料或者隐喻的角度对他的作品造成影响。从哲学的角度来说，在槙文彦的想像中自然看上去并不是至关重要的。他甚至很少写到或者谈到它，也从来没有作为他的建筑的一种类比来加以运用过。然而，它说明了新陈代谢运动的灵感来自于自然界的有机物。另一方面，槙文彦在20世纪60年代的作品经常具有非常明显的人工痕迹，是想像的产物，完全独立于自然世界。然而，自然形体在日本当代的许多设计中都占据了很重要的地位（对于安藤忠雄来说，它们是精神上的和切实的东西；对于长谷川逸子来说，是一种生成形式的传统媒介；对于矶崎新来说是一种类比），直到20世纪70年代，槙文彦的建筑仍然与把"自然"看作是灵感来源或者说处理手段的思想保持着很大

的距离。正如隈研吾所指出的："对于那些人来说，自然是一种哲学，但是槙文彦的观念要传统得多。对于槙文彦来说，中心永远是人。人类是中心。自然是外部。对于他来说，最重要的是人的体验，其次是建筑。这是日本传统建筑的思想。"[21]除了在概念上对自然的疏远，在槙文彦早期的建筑中，也从来没有把自然作为一个主要的组成部分。第一个最主要的例外是1974年的丰田客舍，这个设计的建筑无论在设置上还是室内空间里，都和环境融合在了一起。

方向感——身份感

所有这些最终都变成了在环境中建立秩序的想法，从而为人类生活提供一个令人满意的、适于居住的文脉，告诉人们他在哪里、他是谁。在第一个情况下，槙文彦的"生态平衡"和"社

代官山，山坡平台区

会平衡"描述了一个协调的、平衡的环境，形成方向明确的、有意义的对话；在第二种环境下，则提供了一个舒适的、容易理解的氛围，同时满足熟悉感和新鲜感的要求。在这两种情况下，实现主要的文脉都被看作是城市设计者承担的责任。

对这种领域感和归属感的认识在20世纪60年代日本的城市设计理论中还是很少见的。槙文彦在美国接触到了简·雅各布斯、凯文·林奇、克里斯多弗·亚历山大和其他人的作品，他的作品中的社会和心理基础，在一定程度上受益于他在美国时大学里提倡的关注社会和社区的新运动。[22] 他理所当然地受到了"十人小组"人文主义代表人尤其是凡·艾克的影响。20世纪60年代，日本的这种思潮的转变为城市的社会认知作出了巨大的贡献。

在他那个时代的思想中，还包括

了创造能够为可能的行为带来方向感和暗示的秩序模式或者给予模式或者对环境的认知的愿望。这种秩序或者说可识别性被看作是来自于对隐藏在城市中的人类秩序的揭示和对重要的纪念物和地标的创造。观众是使用者和过路人，这两种人都从城市平面、实体的和虚的城市形态、建筑形式和细部中获取身份感和认知。槙文彦在文章中表达了"想要给使用者创造一个直接与他们的身份相关的建筑，同时为那些只是从建筑旁路过的人创造一种相关的联系的愿望。"因此，槙文彦提倡在街道、空间和建筑之间通过现实上的可记忆性和对意图、目的和联系的表现来建立清晰的联系。他进一步写道："建筑应该能够显而易见地体现

Mogusa 城市中心，东京，1969

螺旋，东京，1985

它的主旨、它在城市中的作用和它的历史。"[23]

城市的秩序存在于非常混乱又非常理性的城市之中。槇文彦认为，秩序的任务首先就是创造一个可以感受到的或者可识别的组织，其次是把这种组织关系表现出来。它更深一层的任务就是为了创造而把多变的状态稳定下来。在波士顿的研究中，"混沌"这个词不是指"缺少结构，而是指难以想像：这里的问题不是重构而是要让理解变得更加容易。必须给在城市中运动的人一些视觉线索和解释，让他知道他在哪里、要往哪里去、这些地方是什么，它们是怎么彼此联系的。"[24]后来槇文彦写道，在某些时候我们会欣赏多样性，但是它会让我们麻木不仁；"然后我们就很难体验到秩序，我们在城市中感到痛苦，期望能有足够的办法来理解作为我们自己的产品——一个充满智慧的秩序的产物——的城市……（城市设计）必须认清它所要创造的人工的空间秩序的意义。"[25]空间理解被看作是心理上的提升和解放，为一个与城市之间更加放松的、更加亲密的关系提供了可能。视觉上的明确性有助于帮助"在偌大的城市中迷失了自我的人找回自己"。[26]身份感被看作是社区和建筑之间一种很明显的关系的领域感的重要组成部分。槇文彦提倡在教堂的尖塔或者高耸在斜坡上的建筑之类的地标上采用可以阅读的形式，把它们作为让场所对于个人来说变得特殊的东西，而且更重要的是它们可以起到公有的价值观和当地的城市集体身份感的象征的作用。

编排

槇文彦把城市看成是一个舞台，在那里，设计师不仅提供布景，还要编排演出的内容。他写道："对于我来说，建筑师就像是电影导演，应该通过设计的过程安排情节的推进，而不是把注意力集中在静态的形式上。"[27]舞台就是可以容纳日常生活模式的地方，在这里，社区和个人都是演员。"我们不能忘记看是相互的——看与被看、看的对象和被看的对象——对于城市

筱原社区中心，横滨，1997。平面图

环境来说都是非常重要的。"[28]槇文彦在东京设计的螺旋大厦中，沿街的玻璃立面一侧的主楼梯为这种双向的交流创造了条件。在这里，坐在楼梯平台的椅子上可以看到街上的车水马龙，而路上的行人也可以看到建筑内的人来人往。这个情节就是从建筑师——导演的思想中发展而来的，他的目的是想要场景尽可能地与演出相协调。这个项目成功的关键在于建筑师对观看的认可，并且把这个结果转变成了一个相应的设计。

槇文彦最初的设计明显采用了把使用者的期望和心理的与实际的要求结合起来的方法。他举了一个例子：东京外围一个有2400户居民的郊区里那些家庭主妇们在Mogusa购物中心的行为，跟时尚的代官山地区出入专卖流行服装的小店和画廊的浏览橱窗的人的举止是不尽相同的。他用这个例子说明不同的社会群体会有不同的要求和期望。积极的、活动的参与者变成了设计的创造者。例如，在Mogusa，他

看到了这样的场景："楼里的通勤者乘坐公交车去最近的火车站。公交车站就在中心的前面。晚上，当家庭主妇带着她们的孩子在中心等候她们的丈夫的时候，最活跃的就是那些购物者。他们从中心的各个入口进入购物广场。一个悬挂物使得这个狭长的西向广场免受黄昏的西晒之苦。在二楼和三楼，孩子们在玩捉迷藏。"[29]设计所提供的舒适和便捷为形成一种参与意识和领域感奠定了基础。1997年横滨的筱原社区中心就是这样的一个场所，在那里，社区的权限很明确；它有一种拥有感和互动感，因为玻璃墙把所有的东西——比如说舞厅里的舞蹈课——都展示在不同的使用者面前。

槇文彦在20世纪60年代的主要工作就是建立一种可以鼓励和包容城市物理的和社会结构的变化和生长的、灵活的秩序。这样的秩序来自于局部和整体之间以及参与者和场所之间在各个尺度上的阐释关系。

这个概念非常经济地继承了日本

的设计方法，就像za一样，并且与电子城市中场景变幻的后现代阅读方式非常一致。秩序也许是混乱的，也许是理性的，但是不管怎么样它肯定不是显而易见的。在槇文彦的思想中，这种对话要涉及到平面、空间和人工制品。对于他来说，最终要的是城市的秩序必须通过它的社区和个体的自我认知来体现城市的整体。

槇文彦对秩序图形的编排是他对以建筑和城市为特征的理论立场的转变所作出的贡献之一。他的由行为创造空间的想法，他对于设计的世俗的、"电影的"概念，他对所有的设计解释基础的认识，他用相互对应的方式处理动态的城市状况的愿望，以及他与社会基础的关系，都隐藏在他的这些编排里面。

注释

1　诺曼·F·卡弗，《日本建筑的形式和空间》，东京，彰国社，1955，第8页。

2　卡弗，第16页。

3　槙文彦，《关于形式集的说明》，再版于《日本建筑师》，16，1994年冬，第254页。

4　与阿尔多·凡·艾克的对话，阿姆斯特丹，1992。

5　芦原义信对城市中的这种状态进行过研究。芦原义信，《隐藏的秩序/20世纪的东京》，东京/纽约，国际讲谈社，1989。

6　槙文彦和大高正人，《走向形式组群》，《新陈代谢：新城市设计》，东京，Bijutsu Shuppansha，1960，第58页。

7　槙文彦和大高正人，《走向形式组群》，第59页。

8　槙文彦，《从环境到建筑》，《日本建筑师》，48，3（195），1973年3月，第21页。

9　例如迈克尔·富兰克林·罗斯，《超越新陈代谢：日本新建筑》，纽约，建筑实录：麦克劳-希尔出版，1978和波塔德·伯格纳（Botond Bognar），《当代日本建筑：它的发展和挑战》，纽约，凡·纳斯前德·雷霍尔德，1985。

10　槙文彦，《十字路口的现代主义》，《日本建筑师》，35，3（311），1983年3月，第22页。

11　与渡边一藤宏的对话，东京，1995。

12　槙文彦，《关于形式集的说明》，第200页。

13　槙文彦，《静止和充分——谷口吉生的建筑》，《日本建筑师》，21，1（531），1996年春，第9页。

14　槙文彦，《形式组群原理》，《日本建筑师》，45，2（161），1979年2月，第39页。

15　张景裕，《槙文彦》，《当代建筑师》，第2版，芝加哥和伦敦，圣詹姆斯出版社，1987，第506页。

16　槙文彦，《设计的潜力》，《澳大利亚建筑》，60，4（695），1971年8月，第700页。

17　《立正校园和公共空间》，未经发表的槙文彦及其合伙人事务所的文件，1968年8月，第1页。

18　米歇尔·德塞都，《日常生活实践》，伯克利，加利福尼亚大学出版社，1984。

19　威廉·马林，《网格的生长：筑波大学主楼》，《建筑实录》，1977年4月，第107～112页。

20　槙文彦，《从环境到建筑》，第20页。在这本书中槙文彦也对松贞次郎进行了讨论，《人性和建筑。松贞次郎和日本主流建筑师。对话系列2：与槙文彦的对话》，《日本建筑师》，48，9（201），1973年9月，第94页。

21　与隈研吾的对话，东京，1995。

22　槙文彦与1956年遇到简·雅各布斯。

23 槙文彦，《关于广场的想法；回忆。从名古屋大学丰田纪念堂到金泽横滨金泽沃德办公室加固》，
  《日本建筑师》，46，12（180），1971 年 12 月，第 39 页。

24 槙文彦，《四项关于形式集的研究——一个总结》，未经发表的槙文彦及其合伙人事务所的文件，
  1967 年 8 月，第 3 页。（摘自《城市中的运动体系》，哈佛大学研究生设计学院，剑桥，马萨诸塞
  州，1965，第 11 页）。

25 槙文彦，《关于形式集的说明》，第 265 页。

26 大高正人，《槙文彦——日本当代艺术先锋》，《日本建筑师》，48，3（195），1973 年 3 月，第 83 页。

27 槙文彦，《从环境到建筑》，第 20 页。

28 槙文彦，《形式组群原理》，第 41 页。

29 槙文彦，《形式组群原理》，第 19 页。因为经济原因而去掉了雨篷。

藤泽体育馆：概念草图

5 建造：一个关于建造的问题

技术只有在作为文明人的工具的时候，才有可能变得乐观而实用。在我们的进程中，对技术进步的野蛮的使用已经太过频繁了。[1]

技术的调节

技术在现代生活中日益提高的地位不仅对建筑和城市造成了巨大的影响，并且要求人们对它作出回应。这种影响和电子技术的潜力比机械技术更危险，也更具有侵略性。在欧洲，马丁·海德格尔（Martin Heidegger）的文章对技术的真实本质和我们跟它的关系进行了假设。正如海德格尔所说的，对于技术不管是彻底的拒绝，还是无条件的接受，都会对"世界上的存在"造成威胁。[2]而且他提出了一种"无为"的态度——接受技术的必然性并且谨慎地对它进行了解之后再加以利用。

海德格尔对待生活的立场和态度在整体上是否与传统的日本哲学有许多相似之处，这一点还有待讨论。但是，黑川纪章在他的大量关于日本文化和西方影响之间的关系的文章中，非常有说服力地谈到了日本人在减轻和缓和引进技术中的粗糙的东西方面的能力。[3]对于槙文彦来说，技术一直都只是一种手段，而不是设计存在的目的或理由。槙文彦曾经很清楚地表明了他的立场，他写道："空间塑造是建筑设计最重要的工作——它必须用表皮来围合一个空间。表皮的交点或者相遇的地方就是细部出现和技术进入的地方。"[4]技术为创造空间形象的思想倾向作出贡献，只有通过技术，空间才能变成建筑。从一定程度上讲，技术决定了设计效果和建筑的文脉。槙文彦用空间来包容和回应这些效果。他用技术围合空间、改变围合、装饰围合，并且用它来延伸形式。

早在1964年，槙文彦就曾经写过："环境的均质化并不是像许多人所认为的那样，是大量技术和信息的必然结果。同样，这些力量可以产生全新的结果。"[5]后来他提到，虽然系统化的技术也许真的在建筑中造成了均质性和中立性，但是，"技术也的确为我们表达多样性和复杂性创造了条件。而且，技术本身是有含义的，它为建筑表现创造了更大的可能性。"[6]虽然技术加剧了物理的和社会的问题，但同时它也带来了缓解这些问题的可能性。也就是说，技术是一把双刃剑。对于技术，槙文彦一直采取一种开放的姿态。他对它的变化、它的可能性和对抗自己产生的后果的能力非常敏感。他的作品演绎了如何用经过调节的技术进行创造性的设计，并且用实例证明了在文化和技术的互补和交织中达成一致完全是可能的，对于他来说，物理的或者是电子的技术是手段而不是结果，但是它们在创造过程中以及他的作品的形象中都造成了很大的影响。在第一种情况下，它们为确定当时的空间形式提供了可能性；在第二种情况下，它们非常实际地体现了我们在哪里、我们是谁，而且，它还体现了对现在和未来的渴望。"对于我来说，技术根本不是万能的。我认为技术就是为了达到某个结果的适宜的手段。我就是这么对待技术的，除此以外它什么都不是。我个人对技术的兴趣并不仅仅在于通过技术来实现批量生产以及它所带来的经济性和效率。相反，我喜欢像艺术那样把系统联系起来，从而提取出某种材料的精神。我喜欢技术的艺术，但是我用什么方式来处理完全是个人意见。"[7]

槙文彦的职业生涯体现了不同时期的日本在设计以及材料和技术运用这两个方面的技术状态，他证明了日本建筑师有能力在采用先进技术的同时，保留人的尺度和关系。他把技术看成是可操作的文脉和实现目的的手段，这种想法一直贯穿于他的职业生涯之中，他把战后的日本所关注的内容和技术结合在了一起。首先，在战后的几年内，技术被看成是能够让日本恢复经济强国地位、同时赢得复兴和尊重的万能药。随之而来的是技术进步带来的生态的破坏。这些开发过程中最引人注目的就是以东京——名古屋——大阪高速公路和 1964 年东京——大阪快速铁路为代表的大型基建项目。接下来是 20 世纪 70 年代的觉醒，因为城市和农村所付出的代价已经非常显而易见了。然后，日本在电子技术上的突飞猛进使它在世界上占据了领导地位。日本生活中的电子革命应运而生。随之而来的是经济的迅速增长和之后的崩溃。

在所有这些技术发生变化的时期，槙文彦都通过采取现实的立场和在他的作品中把实践作为文脉来接受的做法，对技术变革作出了回应。建筑同时体现了技术发展的状况和它所产生的条件。但是最重要的是技术在社会中的位置。槙文彦写道："城市设计师应该站在技术和人类的需要之间，然后去追求一个首先是为人服务的其次才是文明的世界。"[8]

背景

槙文彦至今还清楚地记得他孩提时候对当时在东京湾很常见的船只和新机器的浓厚兴趣。东京动态的铁路系统是这座城市的基本结构，但它只是整个结构的一部分而已。然而，作为当时生活模式的一个自然的组成部分的技术，它的神奇和力量令他非常着迷，并且一直隐藏在他对可能实现的建筑效果的想象之中。与这些具有表现力的技术相比，他更关心的是抓住童年时候对技术神话的敬畏的这种怀旧的感觉。在他幼年的时候，电子信息技术的网络已经打破了日本的封闭，每一个市民都可以通过广播收听到世界各地的事情，但是城市的结构还没有受到这种革新的很大影响。城市之光还很微弱。东京的夜晚还没有变得霓虹闪烁，流光溢彩。

对于先进技术，战后日本的立场与西方世界有着很大的区别。虽然某些技术进步在一个多世纪前就已经发生了，但是日本作为一个在某种程度上被孤立的岛国，依然对战争年代与和平年代的工业技术感到非常突然。但是除此以外，日本抓住了技术在它的战后修建过程中带来的巨大好处。在丹下的实验室中，槇文彦接触到了在建筑和城市结构方面最进步的技术研究。特别是丹下率先在日本贸易和建设实践中运用西方的材料和技术，尤其是混凝土结构，他从勒·柯布西耶后期的作品中发展出了自己的美学。他在东京设计的充满动感的、上升的螺旋形体育场抓住了20世纪60年代经济复苏的精神，在技术和设计领域取得了巨大的进步。这是"新陈代谢派"理性思考的时期，进步的建筑开始往大尺度的方向转变。精确的节点和精致的细部并没有被列到先锋建筑师的议事日程上来。粗野主义的美学体现的是构造材料以及那些揭示了这些新技术奇迹的结构和设备的功能部分，虽然已经有了电视，但是电子技术的侵略性和影响力仍然没有被发觉，丹下实验室的城市规划很少考虑媒体技术对社会和城市形式的影响。

尽管日本人具有让新的思想和事物很快适应他们的需要的能力，但是

一开始他们还是很难掌握钢筋混凝土。槇文彦在丹下实验室里的第一次体验很好地说明了这种材料在当时的施工单位受到了多大的限制。丹下的早期作品是以恢宏壮丽为特征的，但是在某种程度上，建造的水平很难满足他的要求。而且，永恒的概念，后来维护的要求，以及让日本人想像一个公共领域的困难，导致了早期的混凝土建筑——甚至是一些最杰出的作品——都很快变得面目全非。

槇文彦在美国的学习使他进一步接触到了西方的先进技术和批量生产的基本原理。在这些学习中，机器和新材料在建筑原理的构成中保留了它们的基础作用，为结构和表现提供了基础。槇文彦在1957年为华盛顿大学设计的斯泰因贝格艺术中心虽然是一座温和保守的建筑，但是在它主要体量的一层和二层的预应力折板平面屋顶中不可避免地体现了技术的运用。这是他参与新陈代谢运动时期的建筑。虽然"新陈代谢派"是从有机生物那里

获得的灵感，但是他们的实现依靠的却是西方最先进的技术和日本工业化的发展。虽然槇文彦的建筑表现了工业发展的过程，但是他并没有像黑川纪章和菊竹清训那样表现机械的形象。而且，槇文彦很快就放弃了这种立场。然而，在接下来的年代中，他和丹下以及其他"新陈代谢派"成员一起，被看作是20世纪60年代工业繁荣的代表人物。

早期实践

20世纪50年代后期对于槇文彦来说是一段非常忙碌的日子，他不停地奔波于在美国的设计和教学、旅行还有在日本的设计之间。在他的第一座建筑中，混凝土是他最喜欢的材料。他在日本的第一座建筑——1962年名古屋大学的丰田纪念堂是一个粗野主义风格的、颇具雕塑感的清水混凝土作品，这种混凝土是在表面光滑的、用舌榫连接的雪松框架中浇铸而成的。这种方式可以形成比我们所知道的以木

丰田纪念堂，名古屋大学，名古屋，1962

板为标志的"日本混凝土"更光滑的效果。这个早期的项目是由竹中公司建设的项目之一。[9] 在1962年参观了名古屋大学之后，J·M·理查德写道："设计者是一位名叫槙文彦的年轻建筑师：实际上，这是他的处女作。他曾经就职于丹下的实验室，现在在美国——执教于华盛顿大学[10]，"以及"……整座建筑都是裸露的灰色混凝土，加工精细色彩高雅……室内也是工艺非常精湛的灰色混凝土和运用得非常恰当的天然木材。"[11]

从斯泰因贝格厅的保护区看，丰田纪念堂在校园轴线上的城市特征和它的雕塑般的体量都令人非常惊讶。从它的自信中可以清晰地看到刚刚释放出来的日本建筑的能量——槙文彦很好地掌握了先驱者丹下健三的精神。但是，即使是在这样的早期作品中，我们依然能够看到，在槙文彦的建筑中有一种在丹下或者川添登，或者诸如菊竹清训之类的与槙文彦同辈人创造的混凝土建筑，再或者是稍年轻一些的矶崎新后来的作品中很少见的精致。在名古屋大学的设计中，槙文彦同时反映出现代主义的表现方式、德斯太尔抽象画派克制的平面模型和勒·柯布西耶晚期作品中的具有雕塑感的体量。

就精致优雅来说，丰田纪念堂是一座粗放的建筑，采用混凝土技术来塑造空间和雕塑感，并且对暴露结构表面和现代设备的"粗野"的美学而沾沾自喜。这是槙文彦第一座"大而宏伟的"建筑，一个支撑在钢筋混凝土支柱上的巨大的屋顶覆盖着在外观表现和建筑体验上具有同样重要性的实的和虚的体量。在这里，和他的许多后期建筑一样，外部空间不知不觉地就转变成了内部空间。

在丰田纪念堂中出现的手法和语汇为接下来的20世纪60年代末和70年代初的建筑——例如立正大学校园、

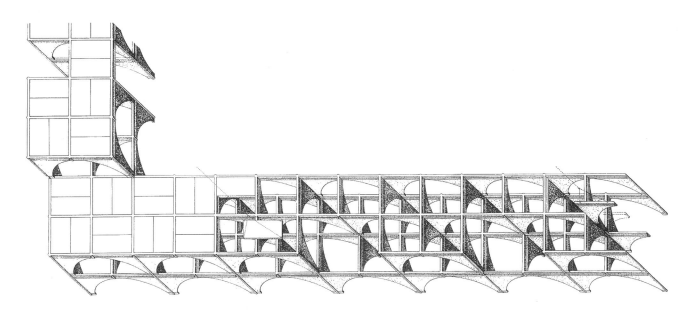

国家水族馆，冲绳，1975。结构轴测图

金泽沃德办公室、千里新城和东京的Mogusa住宅——提供了一个框架。但是槙文彦的建筑依然致力于新材料的推广和研究，例如在大阪体育馆、筑波大学主楼、体育和艺术中心中的钢和玻璃，为千里新城的实验性结构提供了基础，这个实验性结构是由"三个同心的元素——内核、外核和周边结构"所组成的。千里新城"以特殊的方式抵抗侧力。用一个倒金字塔形的墙体和锚固于基础内核之上的楼板来抵抗侧力。"[12]

槙文彦作品中的那种强硬的粗野主义路线一直延续到了1971年的丰田喜一郎纪念博物馆和客舍之中。在这里,槙文彦对混凝土的运用变得更加精炼，它的特色也变得更加柔软和更加具有亲和力。这个展馆是随着日本在1970年由技术占主导地位的大阪博览会之后形成的价值观和意识的转变而产生的。虽然槙文彦没有亲自参加1970年的博览会的设计，也没有参与当时在政治上对革命事件的指责，但是他不可避免地受到了拥护在高科技建筑中所变现出来的进步象征的思想的影响。另外，丰田公司的项目资金非常充裕，有条件采用以前那些相对来说预算较低的建筑不可能用到的材料。

丰田展馆有意识地体现了一种对基地非同寻常的敏感，以及对日本的空间、光和庭院的处理手法以及博物馆所赞美的汽车工业的繁荣，这座建筑很好地反映了它所处的时代。设计的丰富性表现出槙文彦的作品开始发生了转变。然而，当我们回过头来看山坡平台的一期和二期，就不会觉得很惊奇了，因为在山坡平台的设计中已经暗示出了一种从槙文彦早期的大尺度的城市思想向具有亲和力的城市局部的转变，并且开始出现了对细部的关注。槙文彦后来是这样评论这种转变的，他说："我发现在大尺度的城市设计中很难去

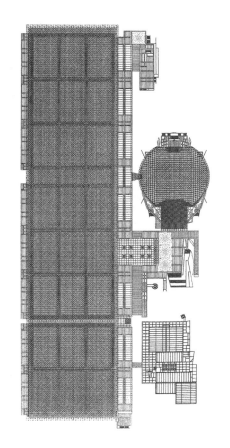

幕张国际展览中心，东京湾，1989。结构图

关注细节。"[13] 从大尺度往小尺度的转变很自然地伴随着对单个元素的重视和对当地遗产中精华的认识而产生的。

预制

到 20 世纪 70 年代，日本已经从战争的伤痛中恢复过来了，并且已经满怀信心地看到了一个繁荣昌盛的未来。随着钢铁工业的发展，日本的工业开始全面扩展。比较消极的一面是 20 世纪 70 年代的石油危机和因此而造成的能源短缺。电子工业还没有得到全面的发展，对城市也没有造成明显的影响，或者说，也因此而没有给建筑带来什么变化。对于建筑工业来说，无论是材料还是结构技术都经历着很大的进步，工程师和建筑设计师们对他们所能起的作用感到雄心勃勃。日本在"五大"建筑公司的绝大部分工作中的保障体系也已经很牢固地建立起来了，而且这些公司通过一个提供材料和专门技术的内部控制结构，在施工水平上发展到了很高的水平。

"新陈代谢派"关于模数化的生长和灵活组装的思想构成了槙文彦、菊竹清训和黑川纪章 1973 年一起在秘鲁进行的低造价住宅试验的设计基础。这个项目是由联合国发起的，目的是为了缓解住宅危机。设计采用重复的混凝土模数单元组合成32种不同的布局，以满足不同家庭的需要。总共由 20 名建筑师建成了 400 个单元。更早一些时候，在 1972 年的大阪地区体育中心、1975 年的冲绳博览会国家水族馆和 1976 年的筑波大学文体教育中心的设计中，也采用了预制的混凝土构件。

20 世纪 70 年代，槙文彦在包括大跨度结构和预制技术在内的新的结构领域中进行了探索。它们中的先驱就是 1972 年位于堺市的大阪地区体育中心。这是槙文彦和著名的工程师木村

地区体育中心，大阪，1972

敏彦一起做的一个重要的早期结构设计，从20世纪60年代开始，槙文彦就一直与他合作。木村在东京大学接受了早期的工程教育，并且很快因为他的创造性设计而享誉日本国内外。[14] 除了担当槙文彦的大多数建筑作品的工程师之外，木村还承担了日本的许多富有挑战性的现代建筑的工程师的工作，其中包括篠原一男的东京工业大学的百年讲堂和1990年矶崎新在御津设计的艺术大厦。木村与槙文彦长期以来非常有意义的合作给日本带来了一些最好的建筑。这是一种相互尊重的合作关系，木村认为槙文彦有着天生的结构感，并且对材料和它们的作用都有着深刻的认识。[15]

大阪地区体育中心采用了跨度为21.6m的巨型预制单元，每个单元都有连接弓形桁架的管状屋面梁，这些弓形桁架在室内外都形成了曲线形的屋面。由于大量采用了预制构件，上面的

两层仅用了12天就完成了。也许这座建筑的施工过程中最重要的不是技术本身，而是把尺度和表面与使用者以及周围环境联系在一起的设计方法。木村敏彦后来的两个重要的预制项目分别是1975年冲绳的国家水族馆和1976年的筑波大学体育和艺术中心。

国家水族馆是一座充满纪念性的雄伟建筑，采用了大量的由简支三铰拱连接在一起的两个部分组成的预制混凝土拱，形成了一圈非常庄严的拱廊。地板和屋面板也是预制的，这样偏远地区的那些没有熟练技术的工人可以在很短的时间内把房子盖起来。拱廊的中间是一个中心的壳体结构，它的下面是公共空间和服务区。筑波大学主楼在立面上大胆地采用了琥珀色的玻璃砖，在地面上用1.2m×3.7m的框架把玻璃组装起来，然后通过起重机把它们吊装到立面的位置上。在冲绳的国家水族馆中，木村再一次采用

了全部干装配的方法。这种技术是受到了法国的查理奥（Chareau）和毕吉伯（Bijvoet）的作品，特别是槙文彦曾经参观过的玻璃之家的启发而形成的。他们还通过用作室内分隔的生铝板和轻钢龙骨以及钢龙骨的装饰地板把预制的概念一直延伸到了室内。这是一座用小型的玻璃砖组成大的构件，然后再在立面上大量采用的实验性建筑。从美学角度讲，这座建筑是俊秀而感人的，但是从结构角度讲，材料之间不尽人意的连接破坏了表面的效果，以至于不得不被拆除和被取代。

大型建筑

槙文彦和木村敏彦在大阪地区体育中心的成功合作，为接下来的大跨度建筑作了充足的准备。1984年的藤泽体育馆、1990年的东京大都市体育馆以及1989年的日本会议中心（幕张国际会议中心）中，都采用了先进的工程技术。

筑波大学主楼体育艺术中心，茨城，1974

大跨度的金属屋顶结构在塑造充满戏剧性的室内时挑战了预制技术的极限。他们那迷人的结构和闪闪发光的屋顶给人以外来技术的印象。对于槙文彦来说，在作品中体现对当代的表达和对未来的展望是建筑师的义不容辞的责任。这些建筑通过传统工艺和先进技术证明了日本建筑在结构上的成绩和潜力，而且这种罕见的双重性形成了槙文彦的建筑中特有的风格。兰德·卡斯蒂尔（Rand Castile）写道："槙文彦证明了日本人能够在保持'手工工艺'的品质的同时超越技术的局限性。他成功地把'对立的'两个方面——完美的手工艺和以人体为尺度的传统与拥护那些全新的东西的热情——结合在了一起。"[16]这一点在这些建筑的设计过程中也得到了反映，在这个过程，槙文彦把手绘图纸和手工模型与计算机制图和计算结合在了一起。

藤泽体育馆

20世纪70年代，槙文彦对日本的城市从传统的建筑和关系向一种新的、由所谓的"工业术语"所决定的模式转变的过程产生了浓厚的兴趣。[17]在处理这些新的术语的时候，槙文彦认识到了如何向质量参差不齐的工业手段和材料转变，以及如何对建筑元素和体量的随意排列。槙文彦首先在藤泽体育馆中对这种语言进行了探索。这座建筑不仅展示了对工业材料的运用，而且还在屋顶、形式和整体布局中，表现了局部之间剧烈的碰撞。藤泽体育馆中扩大的圆形结构在几何上转变了两个巨大的弧形，其中包括剖面上呈三角形并且在顶面和底面上有着不同弧度的曲线的桁架，由它们来支撑屋顶。沿着悬挑座位的顶边布置了一个预应力的圈梁，通过它来吸收由于

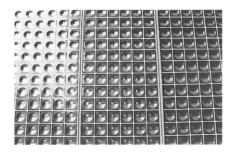

筑波大学主楼体育艺术中心，茨城，1974

藤泽体育馆，藤泽，1984

屋顶的热胀冷缩而产生的变形。藤泽体育馆中的钢质网架结构充分地利用了拱形的空间。在后来比它大得多的东京体育馆的拱形龙骨中仍然沿用了这种做法，正如施图尔德（Stewart）所说的，这些拱形"在本质上非常接近于伞形，并且包含有球形的或者说是椭圆形的片段。"他接着又说："……在高耸的天窗下面，轮廓线被分成了四个部分，就好像是由四个翅膀组成的一样。"[18]

藤泽体育馆设计的重点在于曲线屋面的面层选择了不锈钢。正如槙文彦所说的："它最大的优点是可以顽强地抵抗含盐的空气的腐蚀作用；而且，它很亮，可以很好地与复杂的曲线结合在一起，并且由它极端的薄和脆形成了某种内在的品质。"[19]他写道，藤泽体育馆的构造和屋顶片段和它们肌理

的连接都是为了"像用木头的纹理表现树木，或者用矿石可见的组成成分表现石头那样，来表现钢的特质。"[20]在这里，折叠的、通过电焊连接起来的0.4mm厚的不锈钢屋面板表现了精致的焊缝和连接的模式，它们使得这个巨大的表面显得非常丰富，而且充满了生机。为了达到这种效果，管理组在整个施工过程中都在现场承担了概念上和执行中的装配和细节的管理工作。这是槙文彦所有的建筑屋顶中工艺最精湛的一个。尽管在整个过程中，模型起到了主要设计工具的作用，但是槙文彦还是绘制了150张初步的图纸，350张提交给承包商的图纸，还有1500多张施工图和节点详图。[21]藤泽体育馆的屋顶体现了槙文彦的设计手法与诺曼·福斯特（Norman Foster）或者理查德·罗杰斯（Richard Rogers）的

设计手法之间的区别。在藤泽体育馆中，槙文彦的设计目标是用机械的手段把技术产品装配在一起。正如他所说的："与福斯特不同，我对大规模的工业产品的组合不感兴趣。我感兴趣的是材料和空间的使用和表现。我的设计是低技派。"[22]为了强调他对技术的理解和通常所说的"高技派"之间的区别，槙文彦创造了"浪漫技术"这个词，来更好地描述他的作品，他说："……你可以通过在发达的技术中注入一种浪漫的感觉来表达一种轻盈的状态——就像一块飞毯一样[23]"，而且还说，"现在，我更关注的是工业社会中抒情而浪漫的一面。"[24]

幕张国际会议中心

经济"泡沫"一方面给建筑带来了资金，但在另一方面，大量的建筑工作

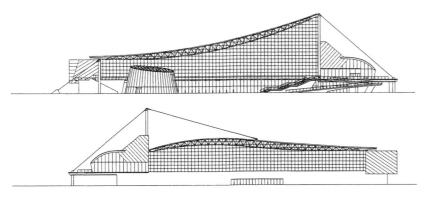

幕张国际会议中心二期北厅，东京湾，1997。立面图

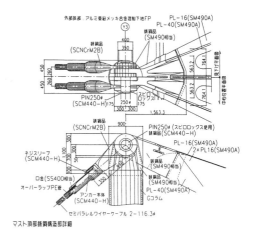

幕张国际会议中心，东京湾，1989。上部杆件：铸铁节点

给施工和材料带来了巨大的负荷，并且最终导致了固定投资的建筑中的舒适性和质量的下降。尽管如此，槙文彦还是在他的建筑中取得了巨大的成就。

建于东京市中心和成田国际机场之间的东京湾再生土地之上的幕张国际会议中心是1986年的一次竞赛的中标作品。它是一个为了举行诸如东京汽车展之类的活动而建设的会议和展览中心。八开间的主展厅的尺寸是120m×60m，它那迂回的屋顶使它充满了动感，就像是一只有着一长一短的两个闪闪发光的金属翅膀的银色大鸟。这个屋顶就支撑在一个由近千万个构件组成的空间钢框架之上。这座建筑展示了槙文彦对单一的工业元素——例如预制的和原位混凝土、空间框架和桁架——的运用，但是它们的基本元素和连接方式因为极端的精致而显得与

众不同。由于受到两个月时限的制约，所以大量地采用了预制的体系，例如，展厅和活动大厅的屋面梁以及预制混凝土楼板体系都是在工厂中生产制造的，但是把这些预制部分连接起来的节点都是专门为这座建筑设计的。这座建筑表明了槙文彦的一种意图，那就是在建造的艺术中，建筑师应该在建筑的装配方式中寻求一种诗意。大量预制构件和精工细作的细部使这座建筑形成了一种特殊的品质。在一期的竞赛结束了几年之后，槙文彦又被邀请来进行二期的设计。这一次，他并没有沿用前面的结构体系，而是把屋顶支撑在一个单向的桁架之上，从而形成了屋顶的一半是波浪形而另一半是曲线形的形式。这种变化从几何上在室内空间中创造了一种俯冲的效果，令人回想起大阪地区体育中心里的曲

藤泽体育馆，藤泽，1984

幕张国际会议中心二期北厅，东京湾，1997。从下面看三角形桁架

幕张国际会议中心，东京湾，1989。柱子与屋顶的连接

幕张国际会议中心二期北厅，东京湾，1997。室内

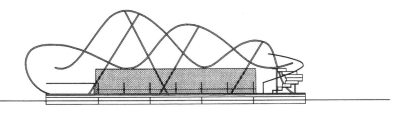

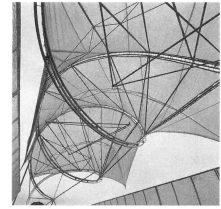

漂浮展馆，格罗宁根，荷兰，1996。立面图　　　　漂浮展馆，格罗宁根，荷兰，1996

线屋顶的节奏。

　　桢文彦一直孜孜不倦地去表现最先进的技术的潜力。2001年的Triad实验室的屋顶采用了一个夹在两个6mm厚的钢板之间的精确的蜂窝剖面，它们是先分别预制完成之后组装在一起的，在东京大学新法学院和日本新劳力士大楼中，他又对技术和玻璃的表现进行了进一步的研究。这些都是最近的相关作品，它们都具有一种从显而易见的事实中传达出来的未来精神，这种显而易见的事实在先进的技术到来之前，是不可能被设计或者建造出来的。

电子技术

　　对于大多数的组成部分来说，物理技术是可以掌握和调和的，但是信息媒介和其他的电子技术遵循的是不同的法则。它超越了简单的理解，除了基本原则之外，它们对公共和私密的生活提出了新的要求，建筑也必须对这些要求作出反应。到20世纪90年代为止，电子技术以一种看不见的力量对人类生活的方方面面造成了影响，从私密的、一对一的社会关系变成了全球经济。日本建筑师对这种影响了家庭和城市生活方式的新状况特别敏感。诸如无常、不稳定和短命之类的电子时代的特征，对于日本来说，是由来已久的世界观。

　　1996年建成的荷兰格罗宁根的漂浮展馆很愉快地表达了这样的思想和技术状态。这座建筑是受到喜欢冒险的格罗宁根城市规划和经济事务部的委托而设计的，在夏季，这座汽车电影院会沿着运河从一个地方漂到另一个地方。它也是一座由两个截然不同的、对比的部分组成的预制建筑，覆盖着聚酯纤维薄膜的轻钢双螺旋框架轻巧地和25m长、6m宽的混凝土驳船连接在一起。虽然它在技术上基本上没有什么挑战性，但却要很好地解决荷兰北部巨大的风荷载。这个精致而具有雕塑感的形式用它透明的表面不断地改变着两边的样子。与罗西在威尼斯设计的世界剧场完全融合在威尼斯背景中的一致性不同，桢文彦的展馆更像是在空中飘荡的蒲公英的种子，只是偶尔停留在某一个岸边。它看上去脆弱而难以捉摸，转瞬即逝的状态让人联想起这个时代的特征。

制造者的印记

　　尽管东京遭受到大规模的破坏，但是二战后手工艺区又重新在原址上浮现出来。对传统宗教仪式的推崇、对客观事物的喜爱以及对经过实践检验证明为良好的建筑延续，形成了一如既往的对产品的专门化和精致化的要

Tepia 宇宙科学馆，东京，1989。展厅

求。手工艺者的精湛手艺和荣誉感坚定地固守着传统的产品和制作方法，同样的精神还转移到了对新材料和新技术的使用态度上。日本的建筑工业一直鼓励新材料和新技术的发展，他们能够把设计、工艺和制造过程紧密地结合起来。设计的变更或者生产过程中的推敲会一直延续到最后一分钟。企业负责训练熟练的技工，使之与"顾客"的设计要求相一致。例如，局部的大规模生产是可能的，因为，通过一个统一的标准，一定数量的砖就可以根据某一个细节而特制。而且，为了聘用某一项工作中某位专家，业主可以等上很长的一段时间。

在建筑界，大多数的主流作品的评论曾经是，而且仍将是缺乏"制造者的印记"的，随之而来的就是一种没有人情味的感觉，缺乏手工产品中那些令人感动的东西。槙文彦对材料和它们

的特性有着浓厚的兴趣，这一点在他的建筑中起到了重要的作用。在19世纪，拉斯金（Ruskin）非常生动地写到了手工艺的优点，他赞美那些充满了爱的产品和带着制造者印记的技术。工艺美术运动正是反映了这种情感，它呼吁抵制机器，回归到手工艺。这样，无论是制造者还是使用者，都能为充满了人类情感的东西而满心喜悦。拥护机械生产的包豪斯并不反对工艺美术运动关于制造者和使用者的愉悦的信念，但是它努力地想要体现对新材料同样的爱和关怀。在他的职业生涯中，槙文彦越来越重视通过材料和细部来克服机械生产的消极方面的要求，他非常希望通过工业产品的材料的品质来表达一种新的情感。他说："虽然新的工业材料完全不同于旧的材料，但是，就像你可以从自然中提炼出来的东西一样，新的产品，玻璃或者是金

属的，具有一种你可以从大多数的东西中提炼出来的品质。"[25] 这样的观点在对工业产品的看法中是比较少见的，它体现了槙文彦的作品中一种与众不同的哲学。槙文彦提到过要把玻璃和铝这样的现代材料"人性化"，他说："我们仍然生存在工业产品的时代——从玻璃到金属到所有其他的人造产品——我喜欢以一种更加真诚的方式来使用那些材料，通过我对细节和小事情的处理，可以形成一种更加丰富的感觉。我感兴趣的是我们怎么才能用现代的材料创造出与那些老房子一样的建筑来。"[26] 从这些话里，我们可以看到槙文彦试图克服许多现代建筑材料冰冷的、粗糙的特点，让机器制造的产品烙上"制造者的印记"。

伊莱恩·斯佳丽（Elaine Scarry）在《痛苦的身体：世界的创造与破坏》一书中提供了一个可以运用于各种各样

的产品的、充满感情的模型，这本书为槙文彦的立场提供了一定的基础。[27]对于斯佳丽来说，"创造"是用工具和材料（技术）把"虚构的"东西（想法）转变成"真实的"（制造）人造物（建筑）的过程。在斯佳丽的理论中，"创造"的过程可以被看成是一个付出的过程。成功的喜悦可以抚慰工作中的艰辛。建设的行为就是要通过以工具的形式存在的人工制品传达人类的情感。这种传达包括思想、意图（理论）和建设（实践）。对于建筑而言，斯佳丽所说的"虚构的"东西可以被看作是设计过程中的"想像"和过程中的"心理意象"，把它变得"真实的"过程就是建造的过程，并且在建成的实物中体现意图和情感。正是这些"虚构的"和"真实的"东西对技术进行着调节。槙文彦用可以让技术手段和材料变得更加人性化的手工艺来对技术进行调节。它的关键在于对日本文化的坚持；槙文彦的作品中保留了当地的场所感和传统，以及情感的传达，尽管他使用

的材料是全球化的、当代的。他成功的用全球化的、技术化的手段体现了当地的、人性化的东西，同时又表现出了普遍的、进步的东西。他通过一种抽象的建筑构造语汇实现了这种效果。

在槙文彦的建筑中，对表面的处理和材料的搭配是以日本手工艺的精雕细作、美观、对天然材料的精加工为条件的，并且受到了他在日本的现代主义导师的影响，特别是用粗混凝土来创造雕塑感的丹下和川添登，以及用朴素的材料创造丰富的表面效果的大师——村野藤吾的影响。此外，他在美国所受的新包豪斯教育，教会了他原生态材料的内在本质。表面的亲和力，对形态和模式的关注，对物体形式的关心以及节点的精确性使得槙文彦的建筑非常平易近人。在这里，也许有人会想到他在西方的现代主义前辈，例如阿尔瓦·阿尔托（Alvar Aalto），弗兰克·劳埃德·赖特（Frank Lloyd Wright）和卡罗·斯卡帕（Carlo Scarpa），以及日本的白井晟一和村野

藤吾。在写到村野藤吾在广岛设计的和平教堂的时候，槙文彦评论道："这座教堂非常出色地表现了材料整体的精致性，它证明了一座混凝土建筑可以和任何石材的或者木质的建筑一样的成熟。村野藤吾是那些为数不多的能够赋予现代主义建筑品质的建筑师之一，不然这些建筑就会随着人们的拥护而体现出教条主义的倾向。但是他却以一种非常自由的方式对材料和色彩加以运用。"[28]

在材料的使用方面，槙文彦经过了三个主要的阶段：第一个阶段，正如前面所说的那样，着重于混凝土表面的运用；第二个阶段，是对陶瓷面层的运用；第三个阶段，是对金属面层和面板的运用。由于日本潮湿的气候很难适应混凝土的加工要求，到20世纪70年代的时候，槙文彦已经开始不断地采用瓷砖来作为他的建筑的面层，通常是灰色的陶瓷砖（其中主要的例外是庆应大学的新图书馆和大量采用不上釉的、有棱形条纹的橙红色瓷砖的丹麦皇家

山坡西侧，东京，1998。立面管状屏风的构成

大使馆）。同时，他用一种非常光滑的瓷砖和混凝土的区域并置在一起，并且通过用金属的装置加以强调的做法打破了色彩的单一。这些槙文彦在材料选择上的做法是在当时许多主要设计师的作品中反映出来的普遍文化的一部分，例如，矶崎新在1974年的群马地区现代艺术博物馆中墙体就采用了金属的表面。在20世纪80～90年代的槙文彦建筑中的大屋顶上，金属面层的运用达到了顶峰。虽然金属屋顶在那个时候占据了主导地位，但是槙文彦还是开始探索预制的金属材料，从而在建筑的室内和它的环境之间建立起一道屏障。这样既可以与环境相渗透，又可以表现建筑的独特性。槙文彦在Tepia宇宙科学馆中开始了对层叠的穿孔金属板的研究，并且在他后来的作品中一直采用这种材料。在湘南县藤泽市的庆应大学研究中心，铝制的薄片是按大小排列的，它们的角度是根据太阳的方向而确定的，从而起到给玻璃幕墙遮阳和模糊它们的表面的作用。同样的，在格罗宁根的漂浮舞

雾岛国际音乐厅，鹿儿岛，1994

台上那些透明的覆盖物上、1994年慕尼黑的伊萨办公园区漂浮在头顶上的玻璃，以及他在萨尔茨堡会议中心的第一轮方案中所采用的通体发光的"光的立方体"中都反映出了对光和孔的研究。

槙文彦后期的作品中所表现出来的柔和与优雅在很大程度要归功于他对色彩的选择。硬质材料、金属、混凝土和瓷砖的单一的灰色调通过天然木材制成的面板、楼板和收头的蜜色和褐色的调和而变得柔和起来。褐色的柔软平衡了白色和灰色的脆弱。这种色彩组合和坚硬的与有肌理的表面的协调在很大程度上是受到了康的影响，同时也是对日本传统建筑的一种回归。[29]在他的很多建筑中都采用了浅色的天然木材。最初是从东京纪念厅开始的，但

东京基督教堂，东京，1995。混凝土细部

名取艺术中心，1997

是在东京的YKK客舍和他之后的大多数建筑中，这个特点显得更为明显；我们欣喜地发现，在1995年的东京基督教堂的整体、雾岛音乐厅的主要空间、1997年的名取表演艺术中心、1999年的富山国际会议中心主立面玻璃后面的木格栅中都能看到这个特点，它在Kaze-no-Oka火葬场的等候室里形成了一种温暖而放松的感觉。1996年的福冈大学轩乐斯广场学生中心的一层门厅是槙文彦设计的最宁静优雅的室内之一，在那里，收头、装置和照明设施与一个由银色、灰色和自然木色组成的、非常酷的极少主义的色调结合在一起。雾岛音乐厅是槙文彦的建筑中为数不多的、用漂亮的成形顶棚来装饰主要体量的建筑之一。在雾岛音乐厅中，白色的石膏板像日本的手工折纸一样被折叠起来。

在从一种材料向另一种材料转变的过程中，也可以看到不同材料的运用所产生的作用。在写到传统建筑的时候，卡弗声称："对比的材料、元素或者力量的结合是主要的表现来源。每一种元素、每一种材料都有它自己明确的存在和超越自身的价值感——那些从材料中散发出来的精神和从特殊性中反映出来的普遍性。"[30]1994年的庆应大学湘南校区的客舍是一座精细而完美的建筑，它那机器般的精准显得干脆利落，充分地利用了在同一色调的材料之间微妙的变化，例如光滑的混凝土表面就分别来自于柔软的胶合板模板、干浇的带木纹的厚模板和光滑的钢模板。仅仅是通过对同一种材料表面进行不同的处理就形成了这种微妙的转变，就像东京基督教堂中混凝土和清楚地表现了墙体的螺旋大厦内墙上抛光的大理石带那样。其他的转变则来自于同一种材料的不同色彩，就像那些1993年在筑波设计的山度士药物研究院曲线形的灰色瓷砖上随着光线的变化而产生的微妙的差别一样，当光线从建筑的表面流过的时候，它们会按照三种颜色的顺序依次变化。另一种更大胆的做法是把形式和材料的平衡结合在一起，就像1996年在横滨的神奈川大学报告厅中，楔形的混凝土基座与基地的边界结合得很好，而它上面的报告厅的铝板屋顶却是曲线形的。在名取艺术中心也可以看到类似的通过材料来强调不同的部位的做法，在那里，分别用瓷砖、玻璃和不锈钢板来区别不同的体量。

正如卡弗所指出的，通过对传统建筑的借鉴，肌理在槙文彦的建筑中也起着重要的作用，"而且，肌理提供了一条基本的尺度线索，可以加强人们近距离观看的兴致。"[31]材料的并置和连接是日本建筑艺术中的一个重要组成部分。槙文彦对这一点有着很深的体会，他写道："无论是室内还是室外，能够很好地体现日本传统建筑的表面的，不是表面上的那些符号，而是把不同的材料结合在一起，或者说把各种材料清楚地表现出来的方法。"[32]

细部

对于槙文彦来说，建筑细部应该

电通广告大楼,大阪,1985。
立面细部

在现代建筑中发挥重要的作用,他通过对细部的表现和提炼研究出了一种简单易行的抽象美学。他写道:"现代建筑拒绝了装饰,如果再没有细部和材料的感觉,不管它的形式多么具有表现力,都会变得非常的空洞,让人难以忍受。"[33]因为,"细部保留了被忘却的物质性——物质性是人们近距离地看一座建筑时最希望看到的、最实际的要求。"[34]细部被看作是表现建筑节奏的东西,对于理解建筑的尺度和从远距、中距和近距等不同距离上理解建筑来说都是非常重要的。因此,尺度对于槙文彦来说不仅和小规模的改进有关,而且和细部与建筑的适宜性和装配手段有关。[35]槙文彦非常推崇细部在提取现代建筑的平面和形式时所起到的修饰作用;然而,与福斯特不同,在槙文彦的作品中,细部不是因为它自身的原因而变得非常重要的,而是用来形成协调的效果的。正如比尔·雷希(Bill Lacy)所写的那样:"不管我

们触摸到什么,也不管我们的视线落在哪里,都没有片断的感觉,然而,小的东西往往不像建筑中那些比较重要的部分那样受人关注。"[36]1985年在大阪设计的电通广告大楼是体现这种关注的一个例子,在那里,立面铝板上微妙的变化描绘出了水平方向和垂直方向上的表皮之间的区别,它拉开了室内丰富的细节的序幕,包括隔板、面板、五金器具和照明设施在内的所有组成部分都是由建筑师设计的。关注的程度和整体化的设计使得电通广告大楼成为了槙文彦自丰田客舍以来最精雕细作的建筑。Koji Taki评论说:"槙文彦在细部上花费了很大的精力。事实上,整座电通大楼都可以被称为装饰性的。结果就是我们能够感觉到隐藏在它后面的一种高度发展的文化的优雅。这一点……是通过外表面的最大可能性来实现的。在建筑中达到这种效果,我相信,是史无前例的。它不是对建筑的装饰而是把整座建筑变成

了一个装饰。"[37]但是槙文彦在材料和细部上的主要项目是后来的Tepia宇宙科学馆。

1991年,槙文彦出版了一本题为《Tepia:槙文彦及合伙人的详述》,确认了Tepia在槙文彦的作品中的特殊地位。[38]Tepia宇宙科学馆就像一颗用精美材料打造而成的奢华的珠宝,采用了玻璃、镀铂金的铝板、玻璃砖、穿孔金属板、钢镶边以及抛光的大理石和花岗石地板等材料。[39]而且,Tepia是一座纯粹的、充满智慧的建筑,和槙文彦的许多建筑作品一样,这座建筑也是对现代主义运动的回顾。它扎根于风格派运动,而且和圆柱形的入口门厅一样,这里的玻璃砖也会让人情不自禁地想起皮埃尔·查理奥(Pierre Chareau)的玻璃之家和日本传统的障子(Shoji)所产生的漫反射光。无论是窗格、扶手,还是面板的连结,这座建筑任何地方的工艺都是无可挑剔的。它是一座用来展示日本

Kaze-no-Oka 火葬场，中津，1997。
从喷嘴注入池塘的水

先进技术的博物馆，包括展厅、会议室、图书馆、洽谈室和一个餐厅，它得到了日本政府财政和私人工业的大力支持。正如幕张国际会议中心体现了日本精湛的制造工艺一样，Tepia宇宙科学馆体现了日本在信息和媒体技术上也具有同样发达的水平。由于它先进的科技材料以及完善的设备和技术，Tepia宇宙科技馆是槙文彦的建筑中最难以接近的建筑。Tepia宇宙科学馆中有一种冰冷的距离感，与螺旋大厦中充满质感的温暖感觉形成了鲜明的对比。

槙文彦所有的作品都非常注重材料细部的表现。不光是细部装饰和构造的表现，就连感官上的触觉也经常会发生变化，就像国家现代艺术馆主楼梯的扶手那样。他还非常注重内在的情感的表达，Kaze-no-Oka 火葬场中哭泣的灰缝就是一个很好的例子。在细部的处理上，槙文彦按照某些现代的要求对传统的效果进行了改造，就

国家现代艺术博物馆，京都，1986。
扶手细部

像他把穿过传统的宣纸障子的光线改变成了透过东京基督教堂圣殿里闪闪发光的玻璃墙而形成了充满生机的光线一样，既强调了光的分布，又强调了光的漫射。

对先进的材料和建筑产品的追求带来了经济上的损失，但是槙文彦解释说："在做YKK研究中心的时候，正好遇到了某些产品，例如他们想要推广波纹状的铝板和蜂窝板，所以我们一开始就和他们合作。这样，虽然会因为在外立面上采用这些材料而造成很大的开支，但是他们可以把这座建筑当作一个很好的广告。做Tepia的时候，则碰到了许多来自不同厂家的许多建筑产品。但是还是有人建议我们把它

东京基督教堂，东京，1995。
圣殿墙体

们混合起来，虽然实际的费用提高了，
但是他们证明了在这种面向公众的建
筑中它们能起到很好的效果。"[40]

　　对于槙文彦来说，技术是一种调
和的工具。正如他所说的："对先进结
构技术和精炼的材料的运用为创造丰富
的空间和形式的表现力提供了可能性。
可以通过感受往这些空间的材料细节中
加入一种微妙而华丽的氛围。"[41] 结构
技术是根据空间的样式而开发的，在
结构计算和搭建形式模型的时候则采
用了电子技术，而细部则变成了装饰
和尺度的衡量标准。槙文彦的建筑把感
官的体验和物质性紧密地结合在了一
起。它们的材料有一种让人想要触摸
它们的冲动。

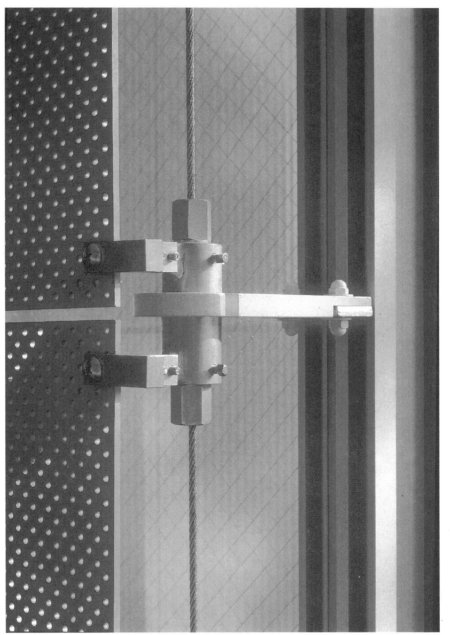

Tepia，东京，1989。
窗格节点

注释

1 槇文彦，《关于形式集的说明》，《日本建筑师》，16，1994年冬，第256页。

2 马丁·海德格尔，《存在与时间》(约翰·麦克夸利和埃德华·罗宾逊译)，牛津，Basil Blackwell，1962。

3 黑川纪章，《日本建筑新浪潮》，伦敦，学院版，1993。

4 与槇文彦的谈话，东京，1995。

5 槇文彦，《形式集研究》，圣路易斯，建筑学院，华盛顿大学，1964，第22页。

6 槇文彦《当代建筑的公共维度》，摘自A·蒙洛（编辑），《新公共建筑：槇文彦和矶崎新的近作》，展览目录，纽约，日本社会，1985，第18页。

7 与槇文彦的谈话，东京，1995。

8 引自《……关于槇文彦》，宣布1993年普利茨克奖获得者的发言，第9页。

9 《日本建筑师》，1960年9月，授予"槇文彦，竹中建设有限公司设计部，主任建筑师"。槇文彦直到1965年才开业。在《建筑实录》1962年9月第185页《1962年的日本》这篇文章中，J·M·理查德评论说，名古屋的丰田报告厅"一开始是交给竹中公司的，后来他们把它交给了和公司有家族关系的槇文彦"。

10 J·M·理查德，《日本建筑之旅》，伦敦，建筑出版社，1963，第120页。

11 理查德，《日本建筑之旅》，第127页。

12 槇文彦及其合伙人事务所未发表的文件。

13 与槇文彦的谈话，东京，1975。

14 他接到了约翰·伍重（Jørn Utzon）一起设计悉尼歌剧院的邀请，但是不得不拒绝了。与木村敏彦的对话，东京，1995。

15 与木村敏彦的对话，东京，1995。

16 兰德·卡斯蒂尔，《关于槇文彦、矶崎新和本次展览》，摘自蒙洛（编辑）的《新公共建筑：槇文彦和矶崎新的新作》，第8~9页。

17 三宅理一写了一篇非常有趣的关于"工业术语"的文章，《日本建筑师》，62，2（353），1987年2月，第10~13页。

18 戴维·B·斯图尔特（David B. Stewart）在《轻盈》，《日本建筑师》，65，8/9（400/401），1990年8/9月，第29~30页中，详细地描述了这些体育馆的屋顶构造与丹下健三的代代木体育馆的区别。

19 槇文彦，《技术和工艺》，《世界建筑》，16，1992，第42页。

20 槇文彦，《藤泽体育馆的屋顶》，《槇文彦：建筑和方案》，纽约，普林斯顿建筑出版社，1997，第157页。

21 渡边康夫，《武士的盔甲》，《空间与社会》，8，31/32，1985年9~12月，第24~35页。

22 与槇文彦的对话，东京，1995。

23 槇文彦的对话，东京，1995。

24 访谈《创造一种难忘的感觉：与槇文彦的对话》，《日本建筑师》，62，3，1987年3月，第68页。

25 与槇文彦的谈话，东京，1995。

26 槇文彦，访谈，《现代主义者的素质》，《世界建筑》，16，1992，第3页。

27 伊莱恩·斯佳丽，《痛苦的身体：世界的创造与破坏》，纽约和牛津，牛津大学出版社，1985。

28 槇文彦，《绪论》，摘自伯藤德·伯格纳，《村野藤吾：日本建筑大师》，纽约，Rizzoli，1996，第20页。

29 槇文彦特别欣赏康在萨尔克学院中用的木板。

30 诺曼·F·卡弗，《日本建筑的形式与空间》，东京，彰国社，1995，第45页。

31 卡弗，《日本建筑的形式与空间》，第72页。

32 引自在詹姆斯·斯图尔特·波尔什科（James Stewart Polshek），《建筑的艺术：槇文彦和矶崎新的新作》，蒙洛（编辑），《新公共建筑：槇文彦和矶崎新的新作》，第12页。槇文彦在谈到藤泽体育馆的时候作出了这样的评论。

33 槇文彦，《槇文彦：破碎之美》，塞吉·萨拉特（Serge Salat）和弗朗索瓦·拉贝（Françoise Labbé）（编辑），纽约，Rizzoli，1988，第12页。

34 槇文彦，《绪论》，《日本建筑师》，65，8/9（400/401），1990年8/9月，第9页。

35 槇文彦，《当代建筑中的公共维度》，第18页。

36 比尔·N·拉希，《向光致敬》，《空间设计》，1（256），1986，第68~71页。

37 Koji Taki，《建筑师与营造商：槇文彦和安藤忠雄的作品》，《日本建筑师》，58，11/12（319/320），1983年11/12月，第57页。

38 槇文彦，《槇文彦及其合伙人详述：Tepia》，东京，鹿岛出版公司，1991，第7页。

39 马丁·斯普林（Martin Spring），《日本的浪漫技术》，《建筑》，4，1990年1月，第49~58页。

40 与槇文彦的谈话，东京，1995。

41 槇文彦，《空间、形象和物质性》，未发表的讲稿，1995年2月。

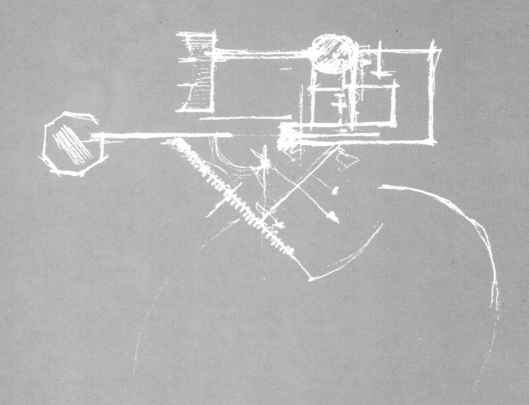

Kaze-no-Oka 火葬场：运动图解

禅宗既肯定了瞬时的体验又揭示了现在所谓的"运动的无限性"——也就是由于它处于永恒的变化而形成的独特性——是不可见的。只有在具有运动的可能性的空间中，空间才能被看作是惟一真实的本质。空间是一种普遍的媒介，通过它生活能不断地发生变化，也只有通过它，场所和时间才能结合在一起。变化是一种不能阻止只能引导的东西——空间中的变化也是不能限制而只能加以引导的。[1]

21 世纪的建筑师面对的主要挑战之一就是如何在满足动态的时代要求的同时，还能保留传统的建筑的固定作用。当代的技术，尤其是电子信息技术，在当今的时空观中产生了颠覆性的影响，它对建筑空间的装饰提出了顺应这个变化的要求。在这样的关系中，时间占据了一个统治性的地位，而空间则变成了它的媒介。如果是这样的话，建筑设计就可以被看作是为了塑造在时间中的体验而进行的空间的处理。在这样的建筑中，通过时间而感受到的空间的体验就是惟一"真实的本质"。

考虑到槙文彦的海外经历和国际化的能力，我们可以说他是日本建筑师中最西化的一个。他的建筑空间组织可以被看作是"日本的"，尽管这种组织方法是经过一个非常理性的转变过程而形成的，但是仍然保留了传统的组织模式所带来的氛围。[2]隈研吾曾经说过："槙文彦在西方所受的训练对于他来说是非常重要的，它们使槙文彦认识到连续是现代主义空间的本质所在，后来他又找到了日本传统空间概念和现代主义空间概念之间的相似之处。"[3]也就是说，槙文彦在西方所受的训练帮助他找到了日本空间的本质。

槙文彦相信："对于日本建筑传统来说，空间构架要比形式重要得多，后者通常是从木质建筑中派生出来的，这样的空间特征会给我们如今的生活带来更开阔的建筑的暗示，使自我更新变得更加容易。[4]从这个主题中，我们可以延伸出这样的结论——在日本建筑中，形式是来自外部世界的，日本的精神才是真正充斥在建筑中的东西，而精神只是精神而已，不是形式。[5]而且，槙文彦认为空间是高于形式的，"空间体现了一座城市或者一个社会永不枯竭的愿望。我相信，充满力量和高贵品质的空间是可以超越功能并且在存在主义的层面上永生的。"[6]

槙文彦从感官的角度来认识空间，从占有和实际使用的角度来对它进行思考。他写道："空间设计必须成为自发的、丰富的人类活动的源头。"[7]对于槙文彦来说，空间的概念来自于把城市的流动空间延伸到单个的建筑空间中去。通过不同尺度和程度的围合，槙文彦形成了随着运动、或者是潜在的运动而变化的空间，他的空间不是静止的，他的空间囊括了传统设计中的茶室（Sukiya）风格和现代主义的连续空间。他声称："空间总是运动而连续的。我们享受的是过程中的体验而不是到达某一个点。我们就是这样来评论环形飞行的：你来来回回地走，然后

95

丹下健三，圣玛丽教堂，东京，1964

回到一个原点，整个过程就是全部的体验，而并不在于发现什么或者回到终点。"[8]

楨文彦对空间的认识是以日本的、西方的以及当代的对全球多维空间的理解为条件的。楨文彦在20世纪60年代早期的作品体现了层叠的空间主题，并且把空间划分为特殊功能区和自由交流的空间。这些构架形成了楨文彦后来空间序列发展的基本概念。在20世纪70、80年代，室内外空间的塑造成为他所有的建筑设计的出发点。他写道："如果我必须要选择的话，那么我会选择一个空间丰富而不是形式多样的建筑。空间一旦形成之后，我也许会努力地创造形式，但是我永远不会因为形式而牺牲空间的品质。"[9]

在20世纪70年代，对环境秩序的研究使得他对空间的可能性有了更丰富的想像，在他的那些线形的、水平向空间序列的建筑中，可以非常清楚地看到越来越多的细微之处和复杂性。这种"运动空间"在1974年的丰田客舍中第一次有了全面的展示，而随着1997年Kaze—no—Oka火葬场中光影的处理而走向成熟。在山坡平台中，我们可以看到一种城市尺度的运动空间，它冲下山坡、穿过马路然后在内部的广场或者四期的nipa达到高潮。后来，这种设计还被拓展了到对垂直空间的可能性的研究之上。

转变

对于日本来说，战争的失败导致了对公认的日本惯例的怀疑和追捧西方的方式和技术的做法。矶崎新写道：战争的失败"激起了反对日货的思潮；把传统的概念结合到日本建筑中去的做法被看成是右派的、倒退的做法，并且有意识地去删除这些形式。"[10]尽管如此，到20世纪50年代的时候，以川添登和丹下健三为代表的建筑师还是试图以"新日本风格"来协调西方和本土的特征之间的矛盾。

在1961～1964年的奥林匹克体育场中，丹下健三利用新的结构技术创造了一种非常引人注目的、来自于传统建筑形式的建筑体量。但是这个粗壮而威武的宣言通过它的素混凝土形式所有的雕塑感，在视觉上产生了强大的冲击力。1964年，丹下健三完成了具有戏剧化的室内效果的圣玛丽教堂，进一步发展了他在奥林匹克体育场中创造的空间效果，但是在同一座建筑中，丹下通过在屋顶采用闪闪发光的铝板而揭示了一个新的、给人以美感的方向。然而最好的在建筑中表现了20世纪60年代技术的突飞猛进的是丹下在大阪"1970年博览会"中央展馆中采用的空间框架。虽然密斯·凡·德·罗在1954年设计的会议厅采用的空间框架要早于它，并且有可能给它带来了一定的灵感，但是丹下的展馆创造了现代大空间建筑中最富戏剧性的围合效果，它的大跨度屋顶就像是漂浮在头顶上一样。它象征着日本人对西

丹下健三，中央展馆，1970年博览会，大阪。
空间框架

村野藤吾，Kasuien 附属建筑，都酒店，
京都，1959

方的技术和空间的掌握。它也是一条路线的终点。

20世纪60年代的最后几年，是全世界都充满了争议和反省的年代。越南战争仅仅是点燃大西洋和太平洋两岸政治对抗和学生动乱的导火线之一，尽管它是其中主要的一个。20世纪60年代，在全球范围内爆发了对"强硬"建筑的反省。年轻的学生拒绝了"权威"的建筑，以一种反建筑的姿态提出了"温柔"地解决社会问题的思考。

很明显，在20世纪70年代初，全日本都遭受了快速发展的工业化所带来的越来越严重的破坏，全盘接受西方的态度受到人们的质疑。许多建筑师和学生与农民的反抗达成了一致，被认为是代表了工业化以及它所带来的价值观的"新陈代谢派"建筑开始受到冷遇。这个国家开始对建筑的形式和空间作出改变。

槙文彦在20世纪70年代的文章和设计体现出他越来越欣赏和关注小尺度的元素和仪式，这使他的建筑变得越来越敏感和精致。槙文彦的建筑从普遍向特殊的转变主要是因为他越来越清楚地认识到，设计师在抽象的或者粗略的尺度上创造单个的令人愉快的场所时的力不从心。发生这种关注焦点的转变的并不单是槙文彦一个。在他之前，不仅有充满灵感的日本建筑师丹下健三和川添登的混凝土建筑，而且还有现代建筑对传统的建筑材料和制作方式的复兴，尤其是吉村顺三（日本建筑设计家，编者注）和村野藤吾的作品中所表现出来的、带有茶室风格的诗意的美感。村野藤吾的建筑对于槙文彦来说有着特殊的重要性，他在战前就发展了一种成熟的茶室风格，并且在1959年完成了他颇具影响力的京都都酒店的Kasuien附属建筑的设计。在槙文彦1995年写的关于村野藤吾的文章中，他说道："茶室是一个包括了视觉和感官的世界。也许村野藤吾的作品是让人安心的，因为他在处理一个完全与触觉有关的空间方面特别老练。"[11]同时，村野藤吾用富有美感的表面和线条以及他当时设计的办公、商业建筑和剧场里丰富的装饰让理性主义者大跌眼镜，例如1957年在东京设计的Sogo百货商店和1963年的日本生命大厦（Nissei剧院）。在写到日本生命大厦的时候，槙文彦评论说它是"最早让人享受到奢华的花岗石室内装饰的建筑之一。从这个角度来讲，它宣告了战后时代的结束"。[12]

在日本，从20世纪60~70年代的建筑表现所发生的变化是如此之大，以至于在1971年的《日本建筑师》上发表了一个《新一代建筑师》的专辑来表现概念上的转变。1997年，同一本杂志上开始打造"后新陈代谢派"这个词。[13]1978年在纽约建筑与城市研究学院举行了"日本建筑新浪潮"的展览之

东京丘陵起伏的山手地区的空间秩序

后，这些作品开始被称作"日本新浪潮"。[14] 在写到 20 世纪 70 年代的时候，矶崎新对日本主题的东山再起作出了评论，并且提到了："要重新引进对材料的关注、对光影的强调、丰富的元素和单一的色彩以及静谧的虚空。"[15] 也许，矶崎新所采用的手法的变化是最富戏剧性的，他的机器人曾经是丹下健三 1970 年博览会中央展馆的主要特征之一。20 世纪 60 年代，矶崎新在他的家乡九州岛上设计的建筑是非常粗壮的甚至是具有侵略性的、非常具有雕塑感的混凝土建筑，但是在 70 年代，他开始采用柔软的、灰色的或者是银色的金属，细节的处理变得非常精致，室内的处理也非常柔和。因此，槇文彦在 70 年代的文章表现了日本的一种普遍趋势，对技术的万能性提出了质疑，并且开始与艺术的温和相结合。

Ma，Oku：关于日本空间的出版物

在 20 世纪 70 年代，槇文彦继续着他的教育生涯，1968 年他被指派为东京大学城市工程系的访问讲师。1979年，他担任了这所大学的建筑系教授，他一直在这个位置上做到了 1989 年。在这些年间，他还以访问评论家或者讲师的身份游历了许多大学，尤其是美国的许多学校。在这个时期中，槇文彦的设计工作是和研究工作同时进行的，特别是对东京在空间和形态学上的结构的研究。这项工作是一项团队工作，一开始得到了东丽科学基金的资助，后来由鹿岛在 1979 年出版了《可见的和不可见的城市：东京城市的形态学分析》一书。[16] 这项研究提出了城市空间发展的形态学原则。20 世纪 80 年代，他又接着进行了一系列的关于oku、meisho 和 niwa 的特殊空间结构的研究，并且后来用英文在国内外的杂志上发表了他的结论。[17]

槇文彦在东京出版的各种书籍都是非常重要的、关于日本空间的英语文章。虽然，诸如赖特、陶特和格罗皮乌斯这样的现代主义建筑师都曾经提到过他们对日本空间的欣赏，但是 20 世纪 50、60 年代跨文化学习的主流方向还是日本向西方学习。但是在 1955 年的研讨会上出现了一个例外，诺曼·卡弗以图片为主的《日本建筑的形式和空间》一书，向西方的读者解释了日本设计的品质。[18]

1966 年，京都的一位德国学者冈特·尼胜科(Günter Nitschke)在《建筑设计》一篇题为《Ma：日本人对场所的认识》的文章中发表了他对日本空间的研究结果。[19] 这个广泛而深入的分析是由林泰义、富田玲子、矶崎新等对此感兴趣的建筑师共同努力的结果。它体现了从不同的角度和文化背景中看到的日本独有的、与其他国家不同的认识和理解方式，并且由此而产生的设计和空间的独特性。最重要的是它阐明了 ma 的概念，非常简单地把它概括为"介于中间的东西"。接下来的另一个重要的展现日本空间的事件是

在巴黎、纽约和罗马举行的题为"Ma：日本的时空"的展览，以及1979年矶崎新在《日本建筑师》上发表的英语论文《Ma：日本的时空》。[20]1985年，Mitsuo Inoue在《日本建筑空间》中对这些出版物进行了评论，在这本书中，他根据历史时期对日本的理解和空间组织进行了研究。[21]

虽然尼胜科的研究在强调对象、工艺和建筑的同时，也强调了城市空间，但是槙文彦更关注的是街道和广场层面上的东西。他主要研究的是与oku的概念相关的东西，槙文彦把它定义为"内心最深处的"、"最难到达的"、"很隐蔽的"和"深层次的"东西，而meisho和niwa是指公共的/半公共的空间。槙文彦把oku看成是封闭的，就像是洋葱的最内圈一样。他写道："在日本，最初对真实的空间的形式的塑造在于建立向心的空间结构概念——oku"[22]，而忽略了中心或者其他绝对价值的概念。他用oku空间与有着等级化中心的

西方城市的向心空间进行了对比。对于槙文彦来说，"谁都可以建立一个中心，而不用让外人看到……作为最终目的地的最内心的空间往往索然无味。恰恰相反，所有的情节和仪式都是在达到目的的过程中一一展现的。"[23]卡弗对日本传统空间进行了研究，他认为它们没有西方城市中那种通向高潮的空间形式等级，它们是用微妙的明暗变化来表现空间的，从高到低，从人工到自然，最终形成一件"从精确走向朦胧的作品"。[24]槙文彦补充说："Oku体现了一些抽象而深刻的东西。它是一个很深奥的概念，我们必须认识到oku不仅用来描述空间结构，而且也表达了心理深度：一种精神上的oku[25]就是一种归零。"[26]与没有中心的、不可到达的oku相关的动态的空间运动模式与日本神道教的流动（nagare）有着异曲同工之妙；生命的流动来自于存在的根源。

从根本上来说，日本的空间是由

很多层次组成的，非常有深度。因此，也体现了序列的概念，并且通过这个序列展现了连续的图形关系。槙文彦认为，东京山手地区丘陵起伏的空间（槙文彦就住在那里）像电影一样，沿着狭窄而蜿蜒起伏的小巷慢慢展现在人们的眼前，高高的篱笆时而遮挡着人们的视线，时而又展现出一幅出乎意料的画面。那里总有一些未知的角落。相反，在下町（槙文彦的办公室在那里呆的时间最长）[27]，规则的街道两旁是狭长的地产项目，为行人提供一个低矮的尺度。在这个地区，"未知的东西"不是像山手那样通过带有方向性的变化和斜坡被保护起来，而是通过空间深度上的层层过滤。它们具有同样的神秘感和序列关系，但是达到这种效果的手段却是大相径庭的。今天的东京形成了一种更深一层的空间划分和层叠，高层建筑通常沿着主干道布置，为它后面的传统住宅和小巷形成了一道高高的屏障。日本城市中各种东西的

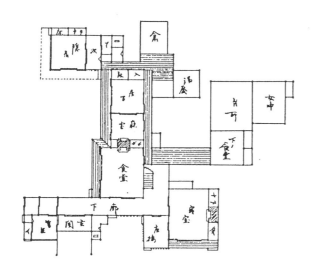

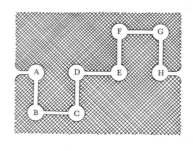

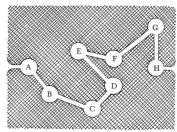

运动空间图解，摘自 Inoue《日本建筑空间》

明治时期居住平面实例，摘自 Inoue《日本建筑空间》

并存总是让人很着迷，最迷人的就是被包围在高大而现代的墙体之后的那些小而古老的空间所建立起来的对话。

槟文彦关于空间的文章对城市原理作出了巨大的贡献，让国外的读者能够了解日本的空间概念。而且，虽然槟文彦的建筑没有生搬硬套诸如 *oku* 和 *ma* 之类的概念，但是它们对他的思想产生了影响，并且在直觉上引导着他的设计。

书院和数寄屋

槟文彦的建筑中的一个组成部分与从日本书院（shion）风格发展而来的空间关系有着密切的联系。在他的《日本建筑空间》一书中，Inoue 声称从 16 世纪封建时期发展而来的建筑是原创的、最具日本特色的。[28]槟文彦非常尊重 Inoue 的研究中对日本空间秩序的整个历史进行了建设性的分析。这本书庞大的信息量揭示了不同的政治时期在空间划分和使用上的巨大变化，从平安时代对室外布局的关注到封建时代近乎排外的室内空间。Inoue 描绘了书院风格从创造复杂的室内空间或者不同特征的房间的创作一直到通过加法和减法进行扩展的整个发展过程。槟文彦指出，日本人把这样的设计看作是一群野鹅。[29]很明显，像书院风格这样的一个线性的空间序列是没有中心。

就和随意布置的空间一样，连接起来以后的弯曲和旋转也是任意的，室外的形式仅仅反映了室内的空间组织。Inoue 写道，从那里发展成了"一种独特的、日本式的室内外空间布局体系，在从花园到城市中的单体建筑的设计中都可以看到这个体系。"[30]这种特殊的空间布局模式是建立在人的活动之上，形成了他所谓的"与活动相适应的建筑空间"或者"运动空间"，"对运动的观察……总是以观察者的运动为前提的，不管这种运动是实际上的还是精神上的"。[31]他将运动空间之间的连接系统与铁路的图解进行了比较，"在运动空间中，房间就像串在一起的珍珠。"[32]松散的、没有中心而且与气候无关的空间组织是由自由而折中的茶室风格的布局方式所产生的。在他关于村野的文章中，槟文彦评论说："茶室中充满了一种精神，这种精神对于建立主流形式来说是非常重要的，对于个性来说也是必不可少的……它以自由而不受限制的建筑形式为特征……与乡土建筑不同，它追求的是精简凝练。简而言之，它是一个艺术的世界。"[33]在槟文彦的城市图解中，也表现了这种自由的不完整性的概念。

澳地利大使馆和使馆办事处，麻布，东京，1976

在槇文彦的早期作品——例如立正大学——中，对设计中产生的空间形式有着明确的定义。联络空间被看作是由一系列为即兴的活动准备的空间所组成的，同时也是一个运动的空间。这种静态而线性的联系空间为偶然的邂逅和不同的用途创造了可能性。这种变化的空间和功能的目的就是希望形成一种结构主义的特性，在那里，固定的支撑和服务框架为在其中添加单个的、灵活的、变化的模数，以及康的"服务"与"被服务"空间提供了坚实的基础。尽管槇文彦的空间区别概念与结构主义之间存在着某些密切的联系，但是它们之间是不尽相同的。槇文彦的分类法与康的区别在于，它不是建立在确定不同空间的材料或者既定的活动上，而是建立在人的行为和目的上的。另一点值得注意的是，槇文

彦对空间形式的塑造是通过利用空间"调解"来完成的，创造不同的开放和封闭效果，或者不同的公共性和私密性之间的转换空间。这种层叠的转换空间在书院风格的建筑中是很常见的。

用日本人的思想来处理对比的布局是没有什么困难的，因此，我们发现在日本，空间结构牢牢地和场所与历史结合在一起，但是它们在本质上又是不固定的、临时性的。日本人对生命以及空间的理解总是和无常联系在一起，在材料和非物质性的东西上都具有一种不确定性和持续的节奏。因此，我们也就不难理解为什么日本建筑师比其他西方国家的建筑师更加容易接受现在的不可预见性，因为从柏拉图开始，两千年来西方人已经习惯了理性的思考。但是这并不是说这样的运动空间在西方的建筑传统中没有一席之地。从历史上看，18

世纪英国的景观也是起源于亚洲的，特别是在很大程度上受到了中国园林的影响。解构主义建筑的动态特征对于今天来说是非常适用的，其中丹尼尔·里伯斯金（Daniel Libeskind）在柏林设计的犹太人博物馆中的通道就是一个很好的例子。

20 世纪 70 年代的运动空间

20 世纪 70 年代，槇文彦对建筑空间创造的关注开始在他的思想中占据主导地位，尤其是联系在一起的空间序列的线性关系以及 oku 的无中心的、层叠的空间设计。

学校

槇文彦在20世纪70年代初设计的三所学校，体现了沿着一个主要的骨架分布或者聚集在一个虚的中心周围

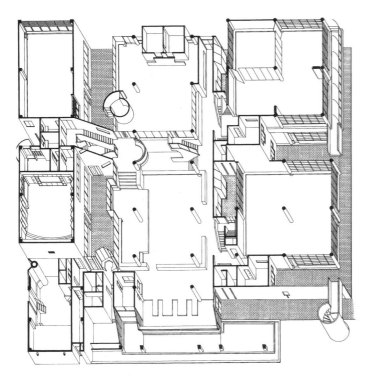

关东学园小学，东京，1972。轴测图

的街区的空间结构特征。1972 年设计的东京圣玛丽国际学校体现了沿着街道边界分布的线性布局，而 1972 年的关东学园学校和1974年的Noba幼儿园则用在视线上彼此联系的带状的房间把内部空间包裹起来。

圣玛丽国际学校的设计把一面根据生态和设计的要求而来回穿行的立面"墙体"与街道的边界以及路边茂盛的榉树结合在一起。侧翼与平行于街道的主轴成垂直关系，形成了庭院和入口通道。学校的活动被安排在不同功能和连接形式的空间中，它们各自

的表情创造了一个生动的、破碎的天际线和平面轮廓。圣玛丽学校与街道的对位关系是槙文彦在20世纪70年代的一个不同寻常的设计，但是 1976 年位于东京麻布的澳大利亚大使馆和使馆办事处延续了这种设计，它体现了有意识地与街道的空间布局发生的联系。在澳大利亚大使馆和使馆办事处中，槙文彦试图在建筑中创造一种先前的与仪式和序列相关的街道空间的特质。通过这种想法，他解决了为什么建筑可以由一个运动的点慢慢地展现出来的问题。

关东学园小学是日本第一所开放平面的学校。最初的功能空间和联系空间的划分在这里得到了延续，但是它们之间的连接是向心的，而不是像圣玛丽学校那样是线性的。主要的问题在于既要保持开放，又要做到很好地管理，以及为各种不同的活动提供足够的变化。其中非常具有代表性的是，槙文彦采用了把教室设计成单独的体量，然后再把它们连接起来的做法，在这里，集中的样式跨越了两个中心的、共享的体量，形成了一个短小的十字骨架。几个开敞的庭院和内侧的玻

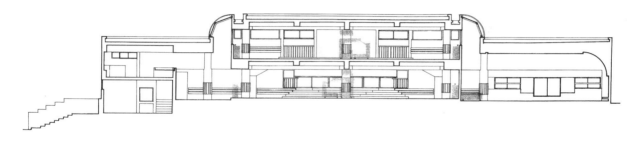

Noba 幼儿园，东京，1974。剖面

璃墙保证了整个体量的教育建筑的特征。Noba 幼儿园与关东学园小学属于同一个空间和社会体系，都是由一个共有的、但是又有所区别的中心带把看护空间连接起来；在Noba幼儿园中，这个中心带通过中心区域两端的采光天窗所覆盖的高而窄的裂缝而区别出来。在这座建筑中有一种压缩空间的感觉，它在一定程度上来自于有意识的减少细节和降低顶棚的设计，这是为了体现对孩子尺度的尊重而设计的。这座建筑的空间秩序，它们的尺度以及家具与孩子们的使用之间的互动体现了荷兰结构主义，尤其是阿尔多·凡·艾克和赫曼·赫茨伯格（Herman Hertzberger）对槇文彦的影响。

丰田客舍和纪念厅

在槇文彦之前的作品中，很少有像 1974 年的丰田喜一郎客舍和纪念厅那种感官的、空间的和临时的体验。在这个占地广阔的规划设计中融合了形式、表面和空间的节奏和序列，丰田建筑群与日本的漫步庭院或者茶室花园是一脉相承的。主体建筑由主要接待海外来访者的迎宾/客舍和丰田公司的纪念性展示厅所组成。

整个建筑群坐落在一个可以俯瞰美丽的喜一郎湖的地方，就像一栋充满浪漫气息的别墅一样，与周围的风景交融在一起。在从名古屋来的路上，就可以隐隐约约地看到这座建筑与周围天然而棱角分明的台地融合在一起。沿着蜿蜒的车道慢慢接近这座建筑，如雕塑般的地貌和植物已经透露出槇文彦的作品中一个新的方向。公众可以从直接与南侧的纪念厅相通的入口进入其中，而客人则从建筑的北侧进入。这个入口是通往客舍、再到展览区、最后返回客舍的空间序列的第一步。这客舍的入口处可以很明显地看到传统的形式和表面的感觉，在那里精雕细作的圆柱和精致的屏风强烈地暗示着一种我们也许可以在神道教的神祠中看到的特质和形式。在室内，参观者可以很快地酝酿好建筑中的情绪

和举止方式。他们一进门就可以看到一面表面非常丰富的曲线屏风墙，透过玻璃幕墙后面一层层的楼板，可以看到内庭院以及在白色的沙子四周窄窄的一条低矮的杜鹃花。从空间上来讲，整个建筑就像一次不断改变方向的旅行，而高度也随着那些与众不同、装修豪华的房间和通道不断的变化。墙上的洞口和转换的区域非常迷人的按照传统的样式呆在它们各自的位置上，当你坐下来的时候，视线高度上的条形窗成了周围的花园的取景框，而那些让人心痒难耐的小洞口，则让你在经过走廊的时候不经意地瞥见外面的景象。也许这座建筑最吸引人的创举正在于这一点，菲利普·德鲁（Philip Drew）把它称作是"槇文彦用它那让人眼花缭乱的景象和对周围景致的惊鸿一瞥编织而成的精彩流线"。[34]

丰田客舍和纪念厅的设计把一条富于变化的、把空间组织起来的通道和由一条连接轴线两侧的直角三角形的长长的直线结合在了一起。曲线的

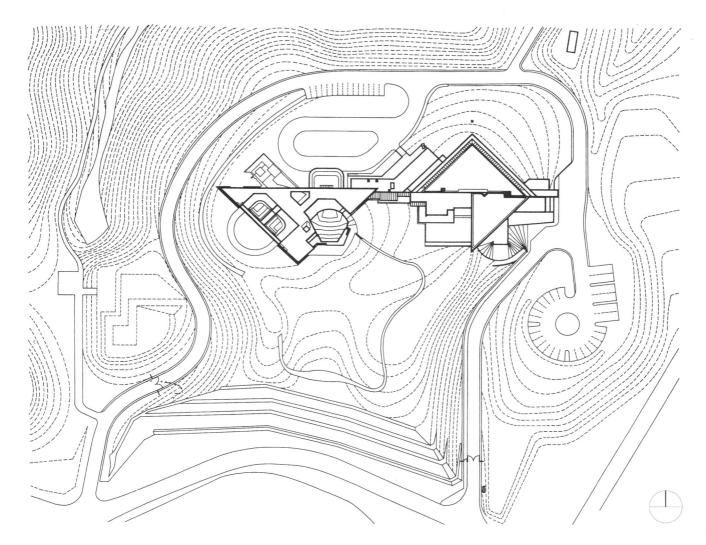

丰田客舍和纪念厅，名古屋，1974。总平面图

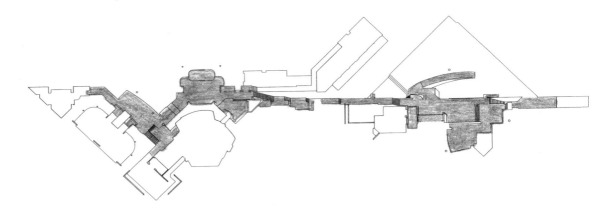

丰田客舍和纪念厅，名古屋，1974。流线平面图

丰田客舍和纪念厅，名古屋，1974。入口

墙体和坡道打破了几何图形的呆板。每一个空间的围合、连接和视线方向都是根据各自的目的来确定的，充分考虑了家具、配饰、朝向和景观。空间序列的流线穿过了严格的几何形体，从花园往里走，一个水池和周围的树木成了按照传统的方式为某个房间特意设计借景。参观者从迎宾处出发，经过等候室和一个非正式的门厅，然后经过一条传统的有着高差变化的走道就到了展示丰田公司历史的纪念厅。从那里开始，行进的路线就沿着一条展现新的景观和空间的通道反转过来了，回到了正式的门厅和餐厅，在那里，先前有所保留的、最主要的湖面景观就展现在眼前。高差和方向的变化充满了趣味性，由于步移景异的效果，使得空间看上去比它的实际要大得多。这个建筑中有着清晰的时间顺序。在《日本建筑师》中穗积申郎提供了一些非常有趣的数据。他计算了从客舍到展厅的距离大约为100m，而穿过这座建筑要走0.5km，总共拐55个弯，正好转3600°，而这座建筑的总建筑面积只有3500m²！ [35]

丰田客舍和纪念厅在槙文彦那个时代的作品中是独一无二的。虽然他在设计中延续了序列化的路线，但是其他的建筑不像它这么刻意地加以表现。而且，尽管他一直采用优雅的细节、丰富的材料，但是他后来的建筑没有这样极尽铺陈之能事。另外一个不同寻常的特点直到20世纪90年代的作品中才渐渐有所呈现，那就是隐藏在下面的把建筑、花园和背景有机地结合起来的浪漫的设计概念。另外，这座建筑中还能清楚地看到传统的痕迹，而在后来的建筑中，这种痕迹更多的是被感受到的而不是看到的。丰田客舍是一座非常保守的建筑，尤其是它支持和表现了日本在之前的岁月中反对技术的原则和态度。这座建筑对于槇文彦来说是一次重大的突破和解放，它理性地背离了先前的理性主义原则，让专业人士感到非常震惊和意外。

国家水族馆

为了 1975 年的博览会而建设的冲绳国家水族馆与槇文彦其他的流动空间的设计形成了鲜明的对比，因为在这里，由确定主体结构周边两层高的柱廊的长和宽的大跨度预制拱形结构单元形成了一个非常规则的矩形。建筑的长边沿着博览会场地上一条主要的道路布置——从它侧面的楼梯和非常具有纪念性的大台阶基座上看去，就像是要把路人举到它那宽阔的、被阴影所遮盖的拱廊中去一样。位于南侧的通道经过了槇文彦设计的海豚馆和表演池，它们与水族馆的关系是经

丰田客舍和纪念厅，名古屋，1974。走廊

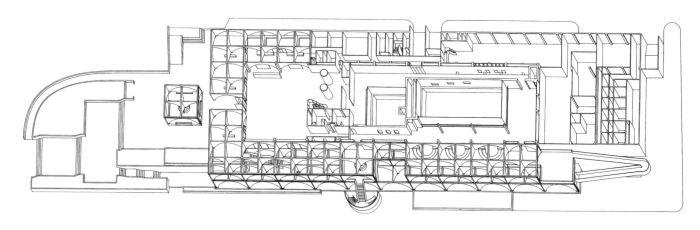

国家水族馆，冲绳，1975。轴测图

过刻意安排的，但又不是十分明显。

明亮、宽敞、质地坚硬的国家水族馆室外拱廊可以远眺蓝色的大海，它与展览区柔和、封闭、铺着地毯的空间形成了鲜明的对比。这是一个奇异的、分散的、超现实主义的空间，充满了寂静和黑暗，参观者不得不在其中摸索着前进。水池的旁边是通道，阴暗的空间围绕在明亮的空间周围，使亮者更亮、暗者更暗。这种效果就像在哥特式教堂里漂浮在黑暗中的采光窗。只有在矶崎新的建筑中才能找到类似的、体现黑暗的特性的空间。

国家水族馆几乎完全是由运动空间组成的，从宽阔而阴暗的室外拱廊到入口门厅和水族馆的两个主要体量的室内都是如此。无论是室外空间还是室内空间，都可以同时用作通道和休息的场所。深深的拱廊既是为了遮阳，也是为了观景。在室内，流动的视线被阻断了，朦胧的灯光和表面柔软的座凳创造了一个休息的环境，而人的视线很自然地就被水池中色彩斑斓的鱼儿所吸引了。

20 世纪 80 年代之后的运动空间

槙文彦在 20 世纪 80、90 年代的建筑特征既不同于早期的丰田客舍那样是线性的、序列化的连接起来的空间，也与体育馆之类的大体量建筑中常见的那种空间组群有所区别。主要体量和次要体量的组合变得非常复杂，而空间关系是在它们的外部建立起来的。整个建筑群和场地之间的空间关系也变得非常错综复杂。功能体量被分解成两个甚至更多的主要单元，就像在丰田纪念厅中所看到那样，使整个设计具有空间组群模式的特征。

雾岛音乐厅

1994 年在鹿儿岛设计的雾岛国际音乐厅在槙文彦的作品中打开了新的

国家水族馆，冲绳，1975

雾岛国际音乐厅，鹿儿岛，1994。总平面

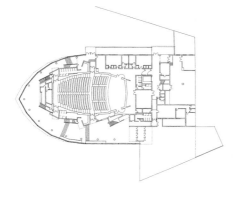

雾岛国际音乐厅，鹿儿岛，1994。一层平面

空间设计的方向。在这里，与丰田客舍相类似的线性连接形成了一条环路，这条环路展现了单体建筑的体量，同时又界定了它们看向周围神奇的山景的视线。通道从山脚下的停车场开始，一直沿着山坡爬升到建筑的前面，在位于北侧地势比较低矮的平台上的露天观众席前面形成了一条岔路，然后从主厅的旁边经过，拐了一个180°的弯，进入到位于可以看到玻璃幕墙和中央大厅外面的美景的宽阔而优雅的大楼梯上面的休息厅。然后，再拐一个180°的弯进入观众厅。这条路线上充满了变化和延续性。这条通道把室内外空间联系了起来，而它们各自不同

的材料和表面的处理清楚地划分出了不同的区域。

Kaze-no-Oka 火葬场

1996年设计的Kaze-no-Oka火葬场——它的名字是"风之山"的意思——坐落在日本南部中津市的一个公园里。它在平面上的联系比丰田客舍还要紧密。正如槙文彦所说的："这两个项目都追求的是空间序列的品质和引起人们的反应。但是，除此之外，火葬场的设计还通过对自然光的控制创造一种纵深感（okuness），把方向感和纵深感结合在了一起。"[36]

火葬场由三座位于一个巨大的公

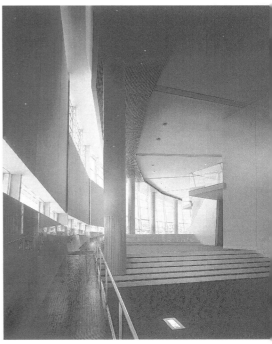

雾岛国际音乐厅，鹿儿岛，1994。室内楼梯

雾岛国际音乐厅，鹿儿岛，1994。通道

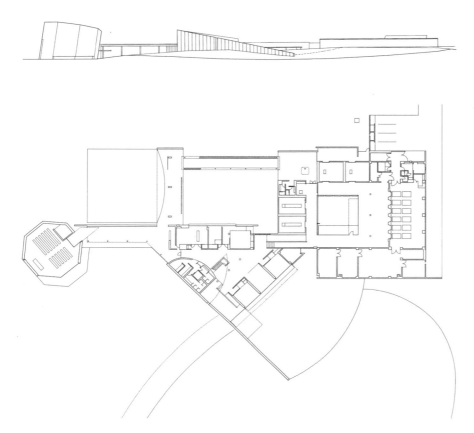

Kaze-no-Oka 火葬场，中津，1996。立面和建筑平面

园里的斜坡上的建筑组成：砖的殡仪馆，混凝土的火葬场以及红色的生锈的钢铁的等候区和围墙。这座建筑综合了槙文彦20世纪60年代以来的各种空间概念。这个封闭的、关于死亡的空间因为他对充满仪式感的通道本身以及对光影的精心处理而弥漫着一种敏感的味道。没有什么地方会比肃穆的火葬场更让人痛苦了，在那里，在那些

哀悼者的后面，宽阔的水池和明朗的天空超度着逝者的亡灵。

和丰田客舍一样，这座建筑随着地势起伏，在面向公园的一侧强调了抽象的具有雕塑感的形式，形成了一种回归大地的动感。整体的布局无论在物质上还是精神上，都构成了从死亡的黑暗到释放生命的欢愉的旅程。通道引导着哀悼者，沿着把各个房间

连接起来的路线一直走到充满仪式感的火葬场。这种内在的、对灵魂深处的探索与传统神道教神祠的设计手法有着异曲同工之妙。把各部分连接起来的空间不仅起到了联系者的作用，而且还可以作为暂时停留或者舒缓因为仪式的进程而变得紧张的情绪的场所。从洞口中透进来的光线让水池中的光影变得生动起来。这座建筑通过运动

Kaze-no-Oka 火葬场，中津，1996。火葬场门廊

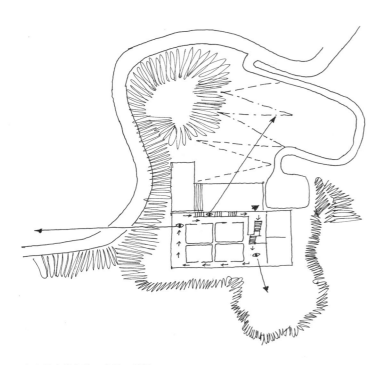

鸟取地方博物馆，鸟取，1998。
运动路径

Kaze-no-Oka 火葬场，中津，1996。
奉祀庙

空间所产生的节奏强化了nagare和oku的概念。

Kaze-no-Oka 火葬场是槙文彦所有的作品中空间序列最丰富的一个。在这里，轻轻地环抱起来的空间高贵而宁静，通过对光线、材料的选择、水池和建筑形式的控制，谱成了一曲纪念生命和死亡的交响乐。

1998 年设计的鸟取博物馆虽然没有建成，却是槙文彦同一个设计主题的一个延续。这座博物馆位于鸟取市郊外的一座山顶上，通向博物馆的道路从山脚下开始，弯弯曲曲地经过一系列颇具雕塑感的台地，而到达主要的平台和建筑的前面。建筑的室内流线有意识地设计成类似于日本的庭园

那样，形成了面向山峰、日本海和鸟取市的不同景观。

上升的运动空间

流动的序列结构模式对于不同的项目都有很好的适应性，包括博物馆、文化中心和商场，但是通过这种组织模式在垂直方向上的扩展，产生了槙文彦在 20 世纪 80 年代一些最富感染力的空间。通过垂直方向上的空间处理，以及随之而来的向上的运动方式逐渐成为他的建筑的特点。早期的灵感来自于他所体验的现代建筑，而不是传统的日本建筑。实际上对于日本建筑来说，楼梯是一个很不同寻常的元素。正如铃木宏之所说的："这对他

Kaze-no-Oka 火葬场，中津，1996。内庭园

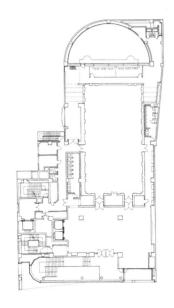
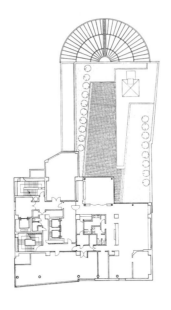
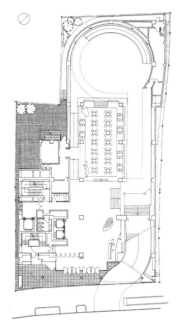
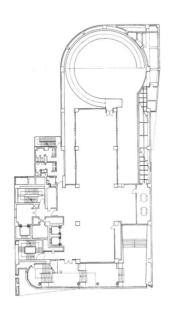

螺旋大厦，东京，1985。平面图

来说是一件很重要的事情，所以他非常认真地思考如何在日本去表现这样的一个元素。"[37] 楼梯或者坡道成了一个重要的组成部分，并且通过位置、形式和细部的处理而引起了特殊的关注。他写道："对于我来说，楼梯不仅是为连接不同楼层而服务的，它还可以创造不同的空间形态。"[38] 对于楼梯的关注为槙文彦的许多最富有创造力的设计和体验提供了契机，尤其是在1999年日语版的《槙文彦的楼梯：细部和空间表达》中清楚地提到了这些元素的重要性。[39] 在这本书中，槙文彦以"儿童和楼梯"、"楼梯周围的空间"、"作为艺术品的楼梯"、"变幻的场景"、"楼梯和城市特征"以及"楼梯的要素"为题，对楼梯进行了讨论。

虽然传统的日本建筑主要是以水平向空间组织的单层结构为主的，但是偶尔也会采用垂直空间，并且赋予它城堡中的螺旋空间一样的戏剧性效果。在这些高大而威严的塔楼以及居于次要地位的金字塔形轮廓线中，空

螺旋大厦，东京，1985。坡道

YKK 研究中心，东京，1993。带楼梯的中庭

东京基督教堂，东京，1995。楼梯和扶手

螺旋大厦，东京，1985。主楼梯

间的体验变得越来越有压缩感，因为楼层越高，空间的尺寸就变得越小。随着可用的楼层面积的减小，楼梯的宽度也变得越来越窄，而且也越来越陡。最后，楼梯占据了整个楼层，垂直方向上不可避免地向上的推力变成了一股压倒一切的力量。每一次拐弯所带来的oku的感觉，以及顶部的"最终的超越"都充满了一种神秘感。虽然槙文彦的建筑没有涉及到这么极端的垂直运动状态，但是在槙文彦创造的城市建筑中，包括1985年的螺旋大厦、1993年的YKK研究中心和1995年的东京基督教堂在内，都可以清楚地感受到通向未知的oku的向上的推力。就像在勒·柯布西耶的萨伏伊别墅中一样，对垂直运动的选择创造了非常戏剧化的效果。

这一点在螺旋大厦垂直运动空间的处理中最为明显，这条路线逐渐把人吸引到建筑深处，然后沿着螺旋形的坡道和一系列多变而迷人的楼梯往上走。其中一个宽阔的楼梯从沿街立面的内侧开始上升，它不仅起到了在建筑内部延伸空间的作用，而且还扮演着室内外空间之间的过渡区的角色。YKK研究中心也采用了与螺旋大厦相类似的可供选择的通道。在这里，拐角处一个由独立的绿色钢柱所框定的楼梯与平缓的、通往接待处和工作层的台地的楼梯形成了鲜明的对比。在东京基督教堂中，向上的、通往神圣的未知区域的运动实现了从喧嚣的街道到内部的圣所之间转换。这座建筑中，一座平缓的楼梯通过一系列让人放松的休息空间慢慢地让朝拜者从城市的压力中释放出来，为接下来的仪式作好准备。扶手的设计也很用心：一道钢的扶手是供成人使用的，矮一点的木质扶手则是为孩子们设计的。在非常富有创造力的螺旋大厦中，从主要的大厅到阁楼，尺度和踏步的变化很大。在这里，悬挑的楼梯踏步由每两个踏步之间的踢面板支撑，扶手的设计也采用了这种手法，垂直的木板采用了类似的布置。楼梯通常扮演着建筑立面内部主要的上升元素的角色，它不仅为满足了运动的要求而且为室内外都带来了视觉的享受。耶尔巴·布纳公园视觉艺术中心、螺旋大厦和Tepia宇宙科学馆就提供了这样的体验。

1982年设计的位于黑部的YKK客舍虽然是一座没有受到很多限制的城市建筑，但是它仍然是一个很好的紧密地连接在一起的垂直运动空间的例子。在这里，半透明的屏风根据它们的木框架的网格进行划分，使得通向花园和附近上层空间的多层通道既有分隔又有联系。这个独立而隐蔽的中心楼梯井是槙文彦的垂直通道中令人印象最深刻和最富魅力的一个。从它所在的门厅开始，你可以感受到整个上升的空间，但是你又无法通过局部的围合看到它。与YKK客舍封闭的楼梯间不同，在 Kaze-no-Oka 火葬场中，通往等候室的楼梯是开敞而具有明确的方向感的。这个元素和那些从做工精细的混凝土板上往外悬挑的楼

YKK 客舍，黑部，1982。中心楼梯

Kaze-no-Oka 火葬场，中津，1996。通往等候室的楼梯

梯踏步一起，优雅地结束在一个抬高的基座上。

京都国家现代艺术博物馆中上升空间的体量对比形成了一部空间奏鸣曲。在这座建筑中，槙文彦用不同的楼梯作为布局的区别点，通过彼此之间的状态和运动创造了一种戏剧性的对比。建筑物平稳的主立面上的三个角都是用角部的玻璃疏散楼梯间固定的，它们抬高了建筑的高度，并且结束在金字塔形的屋顶轮廓中。这些楼梯间在天空的映衬下，就像是童话里的高塔，既缓解了朴素的立面所带来的严肃感，又给建筑增添了一种与之相反的浪漫解释。在楼梯间内，螺旋形的通道所具有的动感产生了令人愉快的上升感。[40]螺旋形的角部楼梯和平缓的主楼梯形成了鲜明的对比。一进到建筑

国家现代艺术博物馆，京都，1986。南立面及角部楼梯间

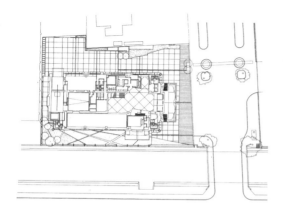

国家现代艺术博物馆，京都，1986。一层平面

内部，人们就会看到宽敞的门厅那头占据着中心位置的主楼梯，它通向一层的美术馆。这个楼梯从它自己那个明亮的隔间中分离出来，上升到一个以两根居中的、打着背光的、通高的柱子为装饰的基座之上。通过这个位于建筑正中心的楼梯，使得这里的渗透

国家现代艺术博物馆，京都，1986。主楼梯

感没有螺旋大厦那么强烈。这个楼梯宽大的尺寸、大规模的抬升以及透过屋顶照进来的特殊的光线形成了一个轻松的序列感。精致的细部和丰富的材料加强了这个楼梯的纪念性。国家现代艺术博物馆的楼梯达到了槙文彦对垂直运动空间处理的极致，它们之间的区别形成了彼此烘托的效果。

槙文彦对水平的和垂直的运动的关注不仅仅和日本城市景观所特有的电影般的品质有关。在他看来，看日本城市不能像看西方城市那样，从单个的角度进行研究。相反，他对充满了不同种类并存的日本日常生活有着浓厚的兴趣。槙文彦关于运动空间的文章和设计为促进建筑和城市设计的理论立场的转变作出了重要的贡献。通过对运动空间和静态空间的强化，形成了一种灵活的、自由的设计方法，既简单易学又稳定可靠。

注释

1　诺曼·F·卡弗，《日本建筑的形式与空间》，东京，彰国社，1955，第130页。

2　例如，在1996年与作者进行的一次对话中，象设计集团的富田玲子评论说："在空间设计上，槙文彦是当代设计师中最日本化的。"戴维·斯图尔特声称："槙文彦设计的许多空间都是非常简单的，非常好地表现了日本现代建筑实践中的'ma'。"戴维·B·斯图尔特，《建筑与旁观者·槙文彦的五件新作》，《空间设计》，1（256），1986年1月，第115页。

3　与隈研吾的谈话，1995。

4　槙文彦写给作者的信，1998年9月1日。

5　在与隈研吾的谈话之后的一些想法，1995。

6　槙文彦，《复杂性与现代主义》，《空间设计》，1（340），1993年1月，第7页。

7　槙文彦，《形式集原理》，《日本建筑师》，45，2（161），1970年2月，第41页。

8　与槙文彦的谈会，东京，1995。

9　槙文彦，《空间、形象和物质性》，《日本建筑师》，16，槙文彦专辑，1994年冬，第11页。

10　矶崎新，《前言：开放的日本的建筑》，摘自博顿·博格纳，《当代日本建筑：它的发展与挑战》，纽约，冯·诺斯强德·莱因霍尔德（Von Nostrand Reinhold），1985，第11页。

11　槙文彦，《绪论》，摘自博顿·博格纳，《村野藤吾：日本建筑大师》，纽约，Rizzoli，1996，第24页。

12　槙文彦，摘自博顿·博格纳，《村野藤吾：日本建筑大师》，第24页。

13　《日本建筑师》，关于新一代建筑师的专辑，1971年7月。见石井和纮，石井和纮和铃木宏之，《后新陈代谢派》，《日本建筑师》，1977年10~11月。

14　见肯尼斯·弗兰姆普顿（Kenneth Frampton），《日本新浪潮》，《日本建筑新浪潮：目录十》，纽约，建筑与城市研究学院，1978，以及黑川纪章，《日本建筑新浪潮》，伦敦，学院版，1993。

15　矶崎新，《前言：开放的日本的建筑》，第11页。

16　槙文彦，《可见的和不可见的城市：东京城市的形态学分析》，东京，鹿岛出版公司，1979。

17　在这些用英语发表的论文中包括槙文彦的《日本城市空间和"oku"的概念》，《日本建筑师》，54，5（265），1979年5月，第51~62页；槙文彦的《城市和内部空间》，《建筑进程》，20，1980，第151~163页。（这篇文章翻译自《Nihon no Toshi Kukan to "oku"》，岩波书店出版的《世界》，1978年12月；英语的文本再版自《日本的回声》，VI，1，1979）

18 卡弗，《日本建筑的形式与空间》。

19 冈特·尼膝科，《Ma：日本人对场所的认识》，《建筑设计》，3，36，1966年3月，第116~154页。

20 矶崎新，《Ma：日本的时空》，《日本建筑师》，1979年2月，第69~80页。

21 Mitsuo Inoue，《日本建筑空间》（渡边一藤宏翻译），纽约和东京，Weatherhill，1985。

22 槙文彦，《日本城市空间和'oku'的概念》，《日本建筑师》，54，5（265），1979年5月，第52页。

23 槙文彦，《关于城市和建筑的选段》，槙文彦及其合伙人事务所内部刊物，东京，2000，第26页。

24 卡弗，《日本建筑的形式与空间》，第178页。

25 槙文彦，《日本城市空间》，第53页。

26 槙文彦，《日本城市空间》，第59页。

27 他1998年在搬到东京的山手地区的山坡西侧之前，一直在那里工作。

28 Inoue，《日本建筑空间》。

29 与槙文彦的谈话，东京，1995。

30 Inoue，《日本建筑空间》，第5页。

31 Inoue，《日本建筑空间》，第147页。

32 Inoue，《日本建筑空间》，第145页。

33 槙文彦，《绪论》，摘自伯藤德·伯格纳，《村野藤吾：日本建筑大师》，纽约，Rizzoli，1996，第5页。

34 菲利普·德鲁，《槙文彦的不自信的建筑：从形式创造到场所塑造》，《空间设计》，6（177），1970年6月，第68~73页。

35 Noburo Hozumi，《多彩的空间体验——丰田喜一郎纪念厅》，《日本建筑师》，50，4（219），1975年4月，第49~50页。

36 槙文彦写给作者的信，1998年9月1日。

37 与铃木宏之的对话，东京，1995。

38 槙文彦及其合伙人事务所（编辑），《槙文彦的楼梯：细部和空间表达》，东京，彰国社，1999。（未发表的英文版由渡边康夫翻译，前言，第2页）

39 槙文彦及其合伙人事务所（编辑），《槙文彦的楼梯：细部和空间表达》。

40 格罗皮乌斯和迈耶为1914年科隆博览会设计的玻璃楼梯是它的原型。

ELEVATION SECTION

- NOBORI
- YAGURA
- KIYOMIZO

破碎城市的印象

1971年，槙文彦参加了在澳大利亚的悉尼举行的题为"今天的结果"的大会。在那里，他谈到了日本的问题："今天的日本面临着比其他国家更为严重的问题，那就是技术经济进步和保护环境质量之间的矛盾。"他声称在未来"设计一定要往保护城市的人性化环境的方向努力[1]"，而城市则必须提供"一个具有强烈的私密性的领域感和空间定义"。[2]

槙文彦对日本城市的关心不是没有原因的。到20世纪70年代为止，所谓的太平洋海岸联合会或者东海道都市圈代表着最大的、最快速发展的城市群之一。以渡边俊一和森户觉的《日本大都市：作为商业手段的城市化》以及凯瑟琳·长岛的《日本大都市的浅析》为代表的文章，注意到了为了确保居民生活品质，必须要加强管理和控制的要求。[3]

一般来说，日本20世纪50年代和60年代初的规划并不是以公众的要求为根据的，而是为了追求不断的扩张

和利益。1955年，日本开始出现人口剧增和家庭分化，1960年通过了新宿卫星城区域的规划。高速公路体系设计于20世纪50年代，并且在1953年公布了《东京城市规划中高速公路的基本原则》。20世纪60年代，日本开始出现高层建筑，所有的地方都地价飞涨。1969年，在住宅土地紧缺和环境恶化的压力之下，废除了绿色区域政策。东京市政府发表的定期报告中清楚地指出了首都环境的恶化和补救的措施。[4]大气污染是最严重的问题之一，以至于交警都不得不戴着防毒面具指挥交通。1971年的政府报告《东京抵制污染的提案：当务之急的改革要求》阐述了城市中各种污染形成的历史。1979年年末的报告《东京抵制污染的提案》虽然提到了在某些方面取得的进步，但是同时也提到了噪声的扩大。1978年的《东京城市规划》中报告了人口增长和几代同堂的情况，以及高速公路系统的发展情况。截止到1976年，已经建成了103.3km²的高速公路。[5]然而，正

如考德瑞克（Coaldrake）所指出的那样："20世纪70年代的石油危机彻底地瓦解了战后经济迅猛发展的动力，迫使人们重新审视现有的城市规划和建设。"[6]

1971年，槙文彦对部分日本建筑师缺乏关心，放任自流的做法提出了批评，他说："一直到今天，我们都无一例外地没有人对大城市无限扩张所造成的威胁提出质疑"，但是"现在我们中已经开始出现了一种不安和忧虑。"[7]大城市中严重污染的空气在日本的建筑师中激起了一种消极的反应。随着20世纪60年代技术美梦的破灭，以及对城市的破坏而不是建设的情况的认知，绝大多数的日本建筑师采取了逃避的态度。他们从城市设计中退缩出来，开始在疯狂的都市中创造避难所，让他们的客户可以躲避噪声和烟雾。像林泰义在1969年设计的有着被打破的空间的住宅那样的建筑非常具有侵略性地矗立在城市之中，而相田武文在1972年设计的涅槃之家，用空

白的——或者说"无声的"——墙体与城市环境相隔绝。高松伸认为，建筑必须要努力在《银翼杀手》那样的未来中生存下去。[8]他的建筑机械化的外表与城市之间完全是一种对抗的态度。

城市局部

当槇文彦的同事们正经历着绝望和幻灭的时候，他的理性和对城市困境非常实际的接受方式显得特别与众不同。1979年，他写道："今天，我们的城市正经历着前所未有的变革。出于对这个千变万化的世界的困惑，我们必须努力地逐个应付这些变革。在这些情况下，要理解什么是我们必须改变或者说可以改变的，那我们就必须发现和理解那些没有变化的或者很难变化的东西。"[9]槇文彦开始意识到，"新陈代谢派"的观点野心太大，而且个人是很难改变任何事情的。在澳大利亚，他问道："我们最大的作用能发挥到什么程度？我发现建筑是对我们的环境的最大破坏者，它的影响范围非常之广，粗略地讲，可以从有着几千个居民的区域到一个很小的社区，再到街区里的一座建筑"，——他称它们为微观规划。[10]他认为必须从小的尺度上进行思考，那些从巨大的尺度上进行干涉的措施不是建筑师所能控制的。正如隈研吾所说的："……因此，槇文彦尝试用一种非常精密的方法来改造城市。他只是城市中很小的一点。但是在日本的传统观念中，如果每个人都在某个领域中贡献一小点，人就可以战胜一切。"[11]槇文彦通过这种方法对城市的一些小局部进行改造，同时也鼓励着别人这样去做。他的每一个项目都"让城市的一个小局部变得更好"。当他意识到在小的项目中，建筑师有更多的机会去对设计的各个部分加以控制的时候，这个"小的"概念成了他的思想的关键。他认识到为了创造一个美好的城市，设计师必须提供许多的小空间——山坡平台项目就是这种思想的一个体现。

山坡平台

虽然槇文彦受到了欧洲城市很大的影响，而且经常会提到阿姆斯特丹和巴黎，但是他很清楚地认识到了它们作为现代城市的榜样的局限性。他曾经说过："像欧洲古城那样的城市通常都会规定建筑的形式，也就是说，从外部开始设计。但是现代的城

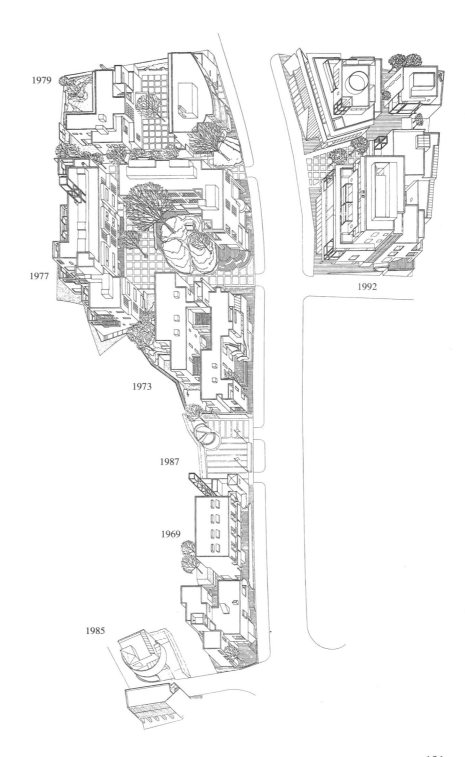

山坡平台，东京。轴测图

市却没有这种力量。每一座建筑本身就是一座小城市。它必须包括城市的张力和力量。"[12] 山坡平台就是城市的一个缩影。

这个槙文彦的职业生涯中最吸引人的项目（这个项目一共用了 25 年才完成）是从山坡平台的一期工程开始的。一期项目是朝仓家族的一项委托，包括位于东京代官山地区的一条缓坡的时尚街道上的居住和商业项目。这是一个不寻常的项目，是由家族成员和建筑师合作完成的（其中十位家族成员至今还住在那里）。这个家族在 1971 年和 1975 年又邀请槙文彦进行二期和三期的设计。1978 年和 1992 年又进行了其他几期的建设。整个过程是这样的：1967～1969 年，山坡平台一期；1971～1973 年，山坡平台二期；

山坡平台，东京，六期，1992

1975～1977 年，山坡平台三期；1985 年，山坡平台四期（由曾经在槙文彦的事务所中工作过的元仓真琴设计）；1987 年，山坡平台五期；1992 年，山坡平台六期。槙文彦于 1979 年设计的丹麦皇家大使馆是一座建在一小块属于家族财产的土地上的建筑，这座建

山坡平台，东京。六期，1992。
庭院

筑也成为了山坡建筑群的一部分。1992 年在东京举行的一次回顾展中，展示了经过长期建设的山坡平台的六个阶段的空间和形式的特征。每一个阶段都以前面的阶段为基础，又和前面的阶段有所区别，体现了建设法规的变化以及外部环境特征的变化，例如，街道从一个安静的区域变成了拥挤而喧嚣的大路。从那个时候开始，在马路对面的一些比较短的距离内，槙文彦又于 1998 年设计了山坡西侧，这个项目延续了前面整个序列的变化和节奏。对于槙文彦来说，最重要的是他所谓的建筑和街道之间在形态上的对话，这个主题是从 1974 年发表的《街道空间和城市景观》中发展形成。[13] 这个原理贯穿于整个山坡平台的设计过程之中，这个过程是由低矮的、破碎的形式的小"块"组成的，而且是由私有的土地提供大量的公共空间。公共和私密的融合一直延续到了人们的行为之中，

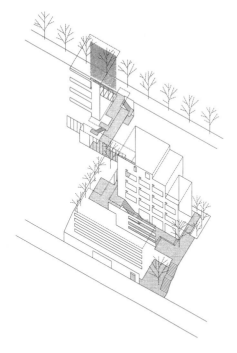

山坡西侧，东京，1998。穿过基地的公共通道

许多的私密空间不仅用作聚会的场所，而且还充当诸如音乐会和艺术展之类的社会活动的地点。到六期的设计时，街道旁边的10米高限已经提高了，但是为了取得连续性，建筑依然和前面比较低矮的街道轮廓线保持一致，并且在后面最大程度地争取地面空间。

从一期的坚固的混凝土建筑到后来的，尤其是六期和山坡西侧中金属材料的使用，整个建筑群中有一个明显的发展过程。同样的，设计发展过程中的公共特征随着时间的变化变得越来越开放和富有吸引力。而且，单体的风格都是以槇文彦那个时期的审美取向和哲学偏爱为出发点的；例如，一期从外表上看非常保守，但是二期则采用了完全不同的方法。在这里，槇文彦显然不再相信立面应该体现内部空间的教条，就像文丘里的"装饰外皮"的思想中的城市本质一样。到了三期的时候，他开始设计独立的立面。为了呼应日渐拥挤的交通，建筑开始背向街道，变得越来越内向，而后来的设计中，立面的屏障作用越来越强，到山坡西侧的时候，立面变成了溶解在一起的层叠的、没有确定的形式的表皮。

在整个山坡平台项目中，人行道一直延伸到隐蔽的或者明显的公共和半公共的空间的角落中，这些公共的或者半公共的空间组成了沿着斜坡在建筑周围蜿蜒的庭院和走廊的序列。

在1979发表的《可见的和不可见的城市：东京城市的图形分析》[14]中，槇文彦对东京的城市空间层次进行了分析，与之同时进行的是山坡平台的早期设计，后来的设计阶段证实了他的发现，在它们中有了更加复杂和具有穿透力的公共空间。三期的变化很明显，通过Oku的运用增加了文化内涵，同时又保留了16世纪的土丘和神祠。在山坡西侧中则把城市特征加以发展，形成了三个界定附加的街道和小巷的街区。在代官山地区的发展中，槇文彦通过改变传统的土地开发

的观念而在那个时代的城市中创造了一种新的文明。

虽然在山坡平台历时25年的设计过程中槙文彦的思想发生了一定的转变，但是整体的秩序和作品的氛围是一直延续下来的。每个阶段都有不同程度的变化和发展，尤其是在建筑/街道或者私密/公共的关系上，但是这些微小的转变并没有打破整体布局的一致性。整个设计保持了一种克制的现代主义模式，既没有岩崎博物馆的形式主义，也没有像与山坡平台后面的三期同时设计的螺旋大厦那样的城市建筑所具有的活力。槙文彦评论说，由于是同一个设计师设计的，所以山坡平台的设计阶段是连续的，尽管它们之中有着许多的变化。但是并不仅仅是这样。建筑之间彼此尊重，每一栋建筑都以一种非常礼貌的姿态面对街道，形式组群和运动空间的原则一直贯穿始终。

我的家乡东京

在20世纪80年代初，日本城市开始发展重复使用和替换的模式。1978年，所有新的建设项目的花费是100亿美元；其中，住宅（主要是木质结构的）约占据了所有花费的5%。东京的土地消耗也是如此，以至于最后没有任何的余地，而临时的建筑又加剧了城市环境的暂时性。

到20世纪80年代，可见的城市污染已经有所减轻，但是，尽管城市看上去变得更加美观了，但是看不见的化学污染物的含量依然很高。令人高兴的是，1980年东京市政府发表的《东京的明天》中[15]，以"生活的品质"为主题在东京的城市规划中引进了一套新的价值观。这份出版物体现了日本随着经济复苏的觉醒而产生的新态度。这些思想是建立在对城市公共领域匮乏的认识的逐渐提高和对经济发展所能带来的"美好生活"的追求之上的。商店中的进口奢侈品以及通信媒体带

来的对其他地方标准的全球化认识激发了人们的消费欲。在1991年对东京进行的长期规划《我的家乡东京——为了21世纪的黎明》[16]中，提出了关于东京的新的观点。日本开始为城市生活创造一些最丰富的、最有活力的设施。

最后，城市的威胁减小了，并且已经为来自世界各地的、各种各样的消遣和娱乐作好了准备。城市的使用者享受着高科技的服务带来的快乐，缤纷的霓虹把城市的夜空装点得流光溢彩。高大的写字楼在城市的某些区域拔地而起，工业建筑和多层高速公路在水道和再生的土地上遍地开花，使得原本充满着混乱和冲突的日本城市的街景变得更加让人眼花缭乱。槙文彦非常赞赏发展中的商业和工业前景，他把它看作是非常具有东京特色的自发的生长模式的一种扩展。1988年，他在回顾本国的发展模式的转变时写道："不仅我们当今的城市完全是由工

体现东京形式和精神的大厦研究，1985

业产品组成的，就是那些已经经过了历史的沉淀的东西也是工业产品，并且变成了新的含义的传递者。"[17]

槟文彦对工业术语的接受与由于文丘里的文章而兴起的城市理论不谋而合。文丘里和斯科特·布朗（Scott Brown）对"主要街道"和"带状空间"的拥护以及对"普通性"的接受，尤其是在1972年出版的《向拉斯维加斯学习》一书，引起了对传统城市美学的重新认识。[18]尽管文丘里没有提到日本的城市，但是他的文章能够帮助日本城市拓宽对不同城市结构的认识，包括对日本城市的认识。文丘里的理论透露出了与接下来的几十年中欧洲关于"不同"的后现代主义理论的相似之处。数学、物理和哲学等学科对新的秩序的发现，以及对西方文化中习以为常的东西进行的不同的解释，为重新理解日本城市带来了契机。这种新的发现为对东京所存在的各种秩序提出一个更加容易接受的观点作出了巨大的

贡献。因此，在20世纪80年代，产生了对日本城市的本质——那种富有挑战性的、看似混乱的秩序——的研究热潮。1985年，彼得·波帕姆（Peter Popham）出版了富有启迪作用的《东京：站在世界尽头的城市》[19]，1989年芦原义信出版了《隐藏的秩序/20世纪的东京》[20]，用英语提出了对日本城市的理解。紧接着，又出版了大量的书籍，1999年，巴瑞·谢尔顿（Barrie Shelton）出版了《向日本城市学习：西方和东方在城市设计中相遇》。[21]波帕姆和谢尔顿的书是从西方的视角认识东京的，因此在20世纪最后的20多年中，在日本国内外都形成了一种新的趋势，不是声讨日本的城市，而是从它们自身出发去重新认识这些城市巨人。

槟文彦和城市隐喻

一直到20世纪80年代，槟文彦的建筑中的城市结构都与城市形式补救措施的探索性概念有关。但是，随着对

东京大都市体育馆：云的形状

城市发展浪潮中所面对的一些悲观的、甚至不好的事情的认识，他后来的作品更倾向于反映而不是解决"作为城市的体现和反映的"[22]建筑的问题。因为，虽然槙文彦的新建筑是反乌托邦的，但是它们体现了接受既定的城市状态并且与之相结合的可能性："现在，我们必须把我们的社会看成是彼此相关的各种力量交织在一起的一个动态的领域。它是在一个飞速扩张的无限序列中的一组彼此独立的变量。在力量模式中引进的任何秩序都会影响到动态平衡的状态。"[23]槙文彦试图体现城市的存在状态并与之进行交流，城市变成了对当代生活的一种诠释，而建筑是与之类似的一种表达方式。东京是从特定的生命观和历史环境中产生的，这种生命观和历史环境导致了一个随意而无常的、不断运动的城市的形成，而且，就像它充分证明了先进技术和随着离散与变化而产生的体

现的影响一样，它也很好地为当代的生活提供了一种隐喻和可操作的模型。而且，它通过动态的或者不连续的定义，反映了今天的世界：缺乏结构形式的城市让人无法对它有全面的理解，更不用说对整体性的描述了。槙文彦是通过追求对后现代现象的本质的有意义的解释而得出这些隐喻的。在他的建筑中，城市，尤其是东京，就像是可以看到的今天的生存状态和作为这种情况的体现的建筑之间的一座象征性的桥梁。

显然，槙文彦对东京的看法是根植于历史之中的。他在日本城市的无常中看到了一种无差别的状态，与现代的意识非常一致。对于槙文彦来说，城市是这种现状的一个证明，在不可想像的和部分可想像的东西之间建立了联系。1995年先后在日本和美国举行的"东京形式和精神"的展览会为槙文彦提供了在大量的概念性城市设计中

提出他的想法的机会。槙文彦的装置是与雕塑家栗津洁共同设计的六个支柱的"树"。这些"树"构成的城市"森林"体现了东京的某种特征：大都市生活机器，毛毛虫城市，总部，矢仓（望塔）节，日本大城市的生与死，以及Oku。[24]与之同时提交的还有以同一个题目命名的论文集，由麦尔翠德·弗莱德曼编辑。[25]在更精确的层面上，也是在1985年的螺旋大厦中，城市的元素和形态被用来生成"在某种程度上与混乱的东京相似的"建筑。[26]槙文彦的"片段的"和"云状的"[27]形象表现了城市的特征。

片段和云状

山坡平台四期、五期和六期的设计是和对东京城市结构的深入研究同时进行的，这些研究使槙文彦得出了关于城市的破碎的本质的理论。这个结论形成了两种城市设计的策略——

Tepia 宇宙科学馆，东京，1989。透光的屏风

幕张国际会议中心，东京湾，1989

"破碎的"和"云状的"。在接下来的几年中，槙文彦的主要的建筑作品都可以被看作是这两个策略或者其中一个的产物。[28]这些建筑，就对与城市的关系的关注程度来讲，与槙文彦这一时期的空间结构模式是彼此呼应的；就是说，"破碎的"建筑大多是线形的空间组织关系，并且与城市之间存在着某种联系，而"云状的"建筑则是由彼此间紧密联系在一起的、成组的元素构成的。"断裂的"建筑可以看作是他的典型的建筑传统，只不过是受到了城市力量的侵蚀。云状的建筑则被表现为漂浮在大跨度结构上的屋顶。

这些后期建筑的城市文脉越来越富有动态和变化。20世纪80年代，由于石油危机而造成的工业的以及后来的经济条件的限制已经过去，日本处于最终以这个年代末的"泡沫"经济而告终的经济上升阶段。

片段

槙文彦基本上把城市看作一个物质实体。对于他来说，消费城市中不断的变化和再生抵制了任何封闭的和与整体相关的完整的布局概念的形成。在槙文彦20世纪80年代和90年代的作品，特别是在螺旋大厦、Tepia宇宙科学馆和YKK研究中心中，可以清楚地看到这一点，松散的几何结构为变化

和详尽的细节提供了可能性。建筑仅仅是破碎的城市中一些破碎的元素。在他最近的解释中，局部以片段的形式出现，代替那些不可想像的整体性，形成了一种短暂的认识。槙文彦近期的建筑在很大程度上来自于对城市结构的局部以及那些导致它的形式的指示的理解。

1974年他在说到"城市已经四分五裂"[29]的时候，第一次用到了"破碎"这个词，螺旋大厦在它那令人晕眩的奢华中创造了一个破碎的城市的缩影。螺旋大厦的立面就像城市的一面镜子——一面反映城市景观中的片段并且神奇地把它们转变成万花筒一样

螺旋大厦，东京，1985

的艺术形式的镜子。这些片段依然在原来的地方、依然是城市的一部分，但是已经经过了一些特殊的转变。这座建筑和青山道的其他商业建筑肩并肩地站在一起，就像城市街区的一个片段那样消失在楼群中。在空间上，螺旋大厦通过扭转隐藏了通道和前面未知的东西的诱惑的"oku"延伸了城市的小路和人行道。

螺旋大厦之后的城市建筑与城市之间形成了一种特殊的关系。与它邻近的Tepia宇宙科学馆与城市之间建立了一种令人难以忘怀的、隐蔽的联系，在那条静谧而阴凉的路上，透过滤光的屏风，城市清晰可见，在叠加的条形窗或者成角度的平面中，只能看到一部分的景象。

云状

在他对东京的第二次阅读中，槙文彦把城市的特征定义为轻盈、无常、复杂、异质和流动。因此他用云的比喻来形容它的不稳定性和不确定性。他用一系列戏剧化的大跨度建筑表达了这种想法，包括1984年的藤泽体育馆、1989年东京湾的幕张国际会议中心和1990年的东京大都市体育馆。对于槙文彦来说，"云状的"建筑体现了一种不同的城市秩序。它们不是城市中积极的参与者，也不反映它的模式。相反，它们通常在一个界限分明的区域中聚集起来，通过一个基座把周围的环境拒之门外。在这些建筑中，充满了美感的曲线形屋顶穿着闪闪发光的金属外衣，就像是在巨大的洞穴一样的厅堂空间上跌宕起舞。但是，槙文彦的建筑仅仅是通过光线来表现一种消融的状态。这些建筑基本上都是通过建筑构造的手段来表现的——是坚持自己的理论和肌理的经验实体。

20世纪90年代之后——塔楼

20世纪90年代，槙文彦开始对城市元素中的塔楼产生了兴趣。1994年，他在横滨设计了海滨大楼。这个杂糅

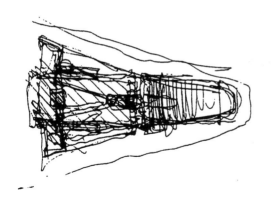

横滨海滨大楼，横滨，2003。平面草图

横滨海滨大楼，横滨，2003。概念草图

东京大都市体育馆，东京，1990

的设计由一个20世纪30年代的建筑立面的修缮、这栋早期建筑的其他部分的再利用以及一座新的铝合金玻璃幕墙的塔楼所组成。槙文彦在整体设计中把这些分散的局部非常融洽地结合在了一起，塔楼延伸了老建筑的形式和秩序，并且在反面形成了一个与之相对比的立面。这个设计是因2003年的一次竞赛而做的。但是槙文彦最优雅的塔楼是在1999年的一次竞赛中设计的，位于赫尔辛基外围的沃沙里的一座包括居住和办公的大楼。这个设计中有一种从单体的细节到看似不可避免地与城市平面的"结合"的一致性。塔楼的平面由两个张开的玻璃平行四边形组成，把它们连接起来的服务核心形成了一个管路的通道。成角度的平面一直插入到附近的城市平面中，最大程度地保证了面向大海的视野，无论在功能上还是结构上都非常经济。尽管这座建筑没有建成，但是这个穿着极少主义外衣的断裂的建筑是槙文彦态度最坚决的城市设计之一。

槙文彦在20世纪70年代的研究加强了他对城市生活的理解，他在20世纪80年代和90年代的论文和建筑体现了他一直以来对城市的关注。特别是逐渐成为他的城市理论的焦点所在的东京，他对城市的介入一直都集中在城市结构之上。在20世纪的最后30年中，日本城市经历了从衰落到复兴的过程，但是槙文彦从来没有背弃过日本城市，也从未对它失去过信心。而且，在20世纪90年代，他开始与美国和欧洲的城市之间的对话。[30]

横滨海滨大楼，横滨，2003

沃沙里大厦，沃沙里，芬兰，1999。透视图

耶尔巴·布纳公园视觉艺术中心，旧金山。1993

沃沙里大厦，沃沙里，芬兰，1999。布局平面

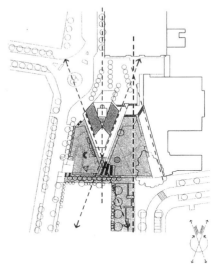

注释

1　槙文彦，《设计的潜力》，《澳大利亚建筑》，60（4），1971年8月，第695页。

2　槙文彦，《设计的潜力》，第700页。

3　渡边俊一和Satoshi Morito，《日本大都市：作为商业手段的城市化》，《城市和区域规划学》，226，1974，第161～162页，以及凯瑟琳·长岛，《日本大都市的浅析》，《城市和区域规划学》，226，1974，第163～169页。这些文章都是在1973年6月在东京举行的国际大都市比较研究的研讨会上提交的。

4　例如，《东京抵制污染的提案：当务之急的改革要求》，东京，东京市政府，1971；《东京城市规划》，东京市政府，1978。

5　《东京城市规划》，第114页。

6　威廉·H·柯德瑞（William H. Coaldrake），《秩序和混乱：从1868年至今的东京》，摘自麦尔翠德·弗莱德曼（Mildred Friedman）编辑的《东京：形式和精神》，明尼阿波利斯，沃克艺术中心和纽约，哈利·N·艾布拉姆斯（Harry N. Abrams）有限公司，1986，第63页。

7　槙文彦，《设计的潜力》，第696页。

8　与高松伸的对话，京都，1986。

9　槙文彦，《日本城市空间和"oku"的概念》，《日本建筑师》，54，5（265），1979，第52页。

10　槙文彦，《设计的潜力》，第696页。

11　与隈研吾的对话，东京，1995。

12　与槙文彦的对话，东京，1995。

13　槙文彦，《街道空间和城市景观》，《日本建筑师》，49，1（205），1974，第42～44页。

14　槙文彦，《可见的和不可见的城市：东京城市的形态学分析》，东京，鹿岛出版公司，1979。

15　《东京的明天》，东京第17市立图书馆，1980。

16　东京大都市第三个长期规划（大纲），《我的家乡东京》——为了21世纪的黎明，东京，东京第25市立图书馆，1991。

17　槙文彦，《走向工业术语》（手稿），以《城市形象、物质性》为题发表于塞吉·萨拉特和冯丝华·拉贝编辑的，《槙文彦：破碎的美学》，纽约，Rizzoli，1988，第7页（之前出版了伊莱克塔－莫尼特的法语版）。

18　罗伯特·文丘里、丹尼斯·斯科特·布朗、史蒂文·伊奈朱尔（Steven Inezour）《向拉斯维加斯学习》，剑桥，麻省理工学院出版社，1972。然而，1975年，槙文彦提出了这样的问题："但是，我一定要采取以拉斯维加斯为代表的解决方法么？"

19 彼得·波帕姆，《东京：站在世界尽头的城市》，东京，讲谈社国际出版公司，1985。

20 芦原义信，《隐藏的秩序/20世纪的东京》，东京/纽约，讲谈社国际出版公司，1989。

21 巴瑞·薛尔顿（Barrie Shelton）的《向日本城市学习：西方和东方在城市设计中相遇》，伦敦，E&FN Spon，1999。

22 槇文彦，《20世纪90年代的巨大力量》，《日本建筑师》，年鉴，春，2，1991，第11页。

23 槇文彦，《空间、形式和物质性》，《日本建筑师》，16，槇文彦专辑，冬，4，1994，第4~13页。

24 1985年，"东京形式与精神展览会"，由明尼阿波利斯市沃克艺术中心主办，日本住宅展览馆协办。1986~1987年展览会搬到了美国，展示了七组设计。

25 麦尔翠德·弗莱德曼（编辑），《东京：形式和精神》，明尼阿波利斯，沃克艺术中心和纽约，哈利·N·艾布拉姆斯（Harry N. Abrams）有限公司，1986。

26 槇文彦，引自《破碎的美学》，第29页。

27 塞吉·萨拉特在《破碎的美学》中提到的概念，第19~33页。

28 萨拉特的书中也谈到了槇文彦这一部分作品。

29 槇文彦，《街道空间和城市景观》，第42页。

30 他和美国的关系来自于旧金山的耶尔巴·布纳公园视觉艺术中心。这座博物馆是旧金山市中心市场街南侧重点发展的建筑群中的一个，根据重点发展的政策称，这个建筑群有着很长的建造历史。

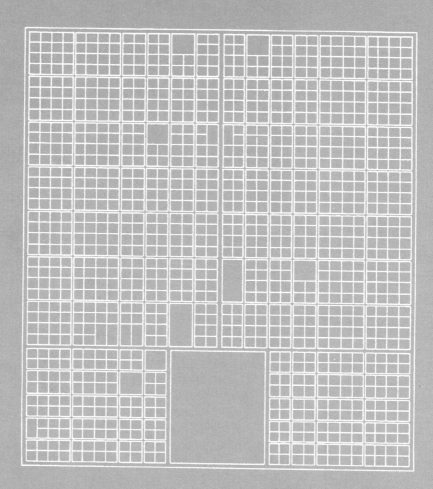

早期的京都市平面图

8 秩序：秩序和图像的阅读

日本的繁荣一直延续到了20世纪70年代，到70年代末，日本建筑开始出现了铺张的症状，从某种程度上讲，是由于富裕造成的。1966年，文丘里出版了《建筑的复杂性与矛盾性》，他在书中指出了打破正统的现代主义教条的方法，为个体的表现提供了更加自由的方式。到20世纪70年代初，文丘里的理论在美国和其他地方都得到了广泛的支持，但是随之而来的后现代主义建筑在70年代末之前，几乎对日本没有任何的影响。20世纪70年代的日本关心的是社会和政治秩序的重建以及文化声望的恢复。这种思想在建筑上表现为政府、社区和艺术建筑。这些建筑大多恢宏壮丽，通常都会采用华丽的材料并且在当地小尺度的城市结构中占据统治地位。它们主要扮演着标志物的角色，炫耀着某个团体的地位。然而，槙文彦于20世纪70年代在京都设计的国家艺术博物馆是一个例外，它是来自于私人而不是政府的委托，这个项目一直延续着他在60年代开始的实践。

在槙文彦20世纪70年代末以及80年代的文章和建筑中，出现了一个全新的概念——对作为时间的真实而相关的特征的复杂性的探索，以及对在建筑中采用象征手法的可能性越来越浓厚的兴趣。槙文彦用这些研究来打破现代主义运动的条条框框。也就是说，他试图在日显疲态的现代主义中寻找一条出路，把它变成与20世纪末相适应的、丰富而富有表现力的建筑。在这些方面，槙文彦承认受到了下列建筑师的影响："某些建筑师表现出来的信心给我留下了深刻的印象。其中之一就是罗伯特·文丘里和他的《建筑的复杂性与矛盾性》(1966)。此外，以查尔斯·摩尔 (Charles Moore) 和罗伯特·斯特恩 (Robert Stern) 为代表的建筑师提出的'包罗万象的建筑'的学说也给我带来了启发。他们否定了抽象的标准的存在，对过程的不可避免性提出了质疑，他们把组织原则看成是外力作用下的结果，并且最终建立起建筑自己

的规则。"[1]槙文彦说："我认同复杂性的学说。"[2]尤其是他对文丘里在"很难处理的整体"中提出的思想予以了肯定。文丘里也表达了同样的意思，他在"很难处理的整体"中提到槙文彦的作品时说："复杂的建筑本身就和槙文彦的'形式组群'有关，它的开放的形式是不完整的；它是跟'完美的单体建筑'或者封闭的展馆相对立的。"[3]

虽然这些人对槙文彦的影响主要表现在大胆的立面色彩和他在20世纪70年代设计的学校建筑中偶尔出现的超大图形上，但是他的建筑与波普主义的放纵和美国后现代主义建筑的毫无节制还是有着本质的区别的。严格地说，槙文彦在20世纪70年代的建筑与勒·柯布西耶早期的白色建筑有着很多的相似之处，因此也和20世纪70年代以理查德·迈耶 (Richard Meier) 等人为代表的"纽约五"的作品比较接近。在他的手中，理论思想被转变成了日本的观念，建筑则被赋予了传统的优雅和克制。这一点是由铃木宏之提

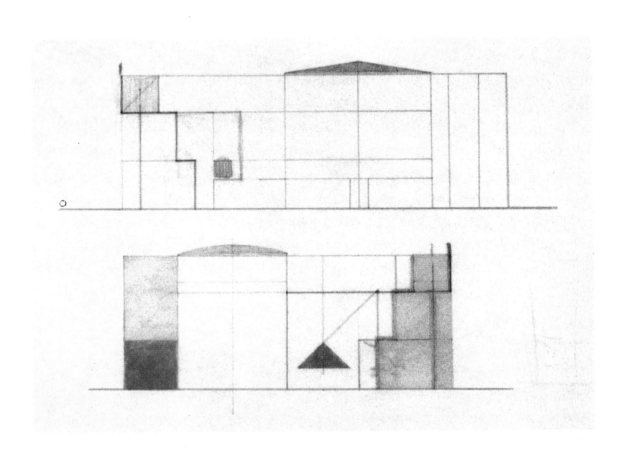

Tepia 宇宙科学馆，东京，1989。概念草图

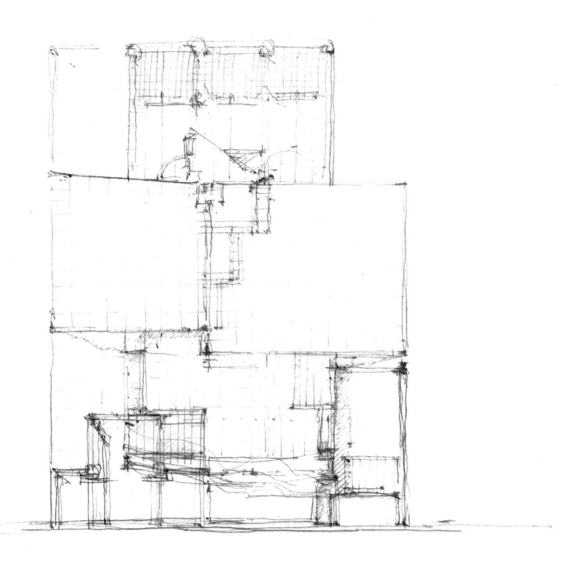

螺旋大厦，东京，1985。前期草图

国家现代艺术博物馆，京都，1986。立面研究

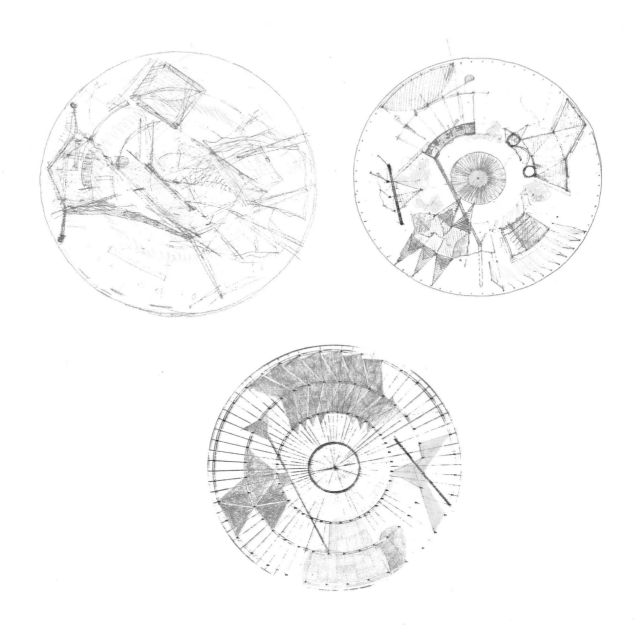

泽布勒赫渡船终点站，荷兰，1989。概念性格局

筑波大学体育和艺术大楼，茨城，1974。南立面

安布瓦斯，1981年4月4日。槇文彦的速写

出来的，他认为槇文彦有能力运用各种不同的方法来进行设计，但是不管他采用哪一种方法，他都会对它加以提炼，把它变成他自己的东西。4

槇文彦的作品既不是历史的倒退，也不足以构成对美国建筑师的社会的和建筑的批评。他只不过是借用诸如法西斯党部大楼（Casa del Fascio）和萨伏伊别墅之类的现代主义建筑的标志性元素，并且通过重新排列和像庆应大学湘南藤泽校区那样的多重性对它们进行转变。隈研吾把槇文彦对西方的东西的运用描述成他一直在玩的一种深奥的游戏。"他不喜欢生搬硬套，他喜欢让人在他的作品中找到原创的形式，这一点是别人很难做到的。"5由于"槇文彦的建筑从来也没有违背现代主义的材料的真实性的原则和形式追随功能的原理，所以他也可以在他的建筑创作中加入其他的浪

漫的、象征性的以及纪念性的东西。他的作品中有着一种经过深思熟虑的游戏心态"。6虽然他并不接受现代主义建筑生硬而顽固的理性主义秩序原理，但是他还是留恋在现代主义的怀抱中，保留了它的野心，而同时使它的领域变得更加宽广、语言变得更加丰富。槇文彦解释了他和现代主义一脉相承的关系，之所以能一直保持和它的关系主要是"因为它实际上是一个变化的体系"。7正如铃木宏之所说的："现代性是我们的社会的一种状态。因此他[槇文彦]在现代性的状态之下用每一座现代社会的建筑表达他自己，因为他本身就是现代性的产物……他的建筑永远都属于他自己。"8斯图尔特也把他的风格描述成："……是毫不妥协的西方的，实际上也是国际的风格。它在本质上和细节上是日本的，但是又在槇文彦自己

的、完全现代的语言的控制之内。"9

在槇文彦20世纪70年代和80年代的建筑中仍然非常强烈地表达了创造一种既通俗易懂又原创的建筑的愿望。这种想法在他的作品清楚地体现了出来，同时还表现出了对项目和场地的复杂本质的控制则通过秩序和对布局的想像。最终的目的就是创造一种能够与"无意识的集体意愿"相交流的建筑，在1999年的文章中，槇文彦把这种建筑称作是"我在近些年来的作品中取得的最大成果"。10

槇文彦的组织原则中最富有启迪性的是他在1989年出版的一本草图集《破碎的图形：建筑画选》。11书中收集的那些漂亮的、大多尺寸比较小的草图中包括那些在旅途中让他觉得眼前一亮的片断。但是这本书的主要内容还是槇文彦的设计草图，通过它们，我们可以在他对点、线、面的处理中追寻

建筑从想法转变成形式的过程。对于槙文彦来说，这些草图是非常私人的、非常有启发的："草图在反映'自我'的同时清楚地反映了建筑师的品味和局限性。建筑师对某种形式的偏爱决定着他的想像的范围。"[12]

经典的槙文彦

槙文彦在20世纪70年代末和80年代初的建筑中引进了一整套新的布局模式，也许我们可以把它称作"经典的槙文彦"。这一类建筑中比较重要的作品包括1978年东京的槙文彦住宅、开始于1978年完成于1986年京都的国家现代艺术博物馆、1979年指宿的岩崎艺术博物馆（1987年扩建）、1981年的庆应大学Mita校区新图书馆和1982年黑部的YKK客舍。后来在1985年在东京设计的螺旋大厦和1989年的Tepia宇宙科学馆也明显地属于这个类型，就像1994年庆应大学湘南藤泽校区的建筑群一样。至少在这个建筑群的设计刚开始的时候，槙文彦的设计手法是非常得体而循规蹈矩的，也许他的目的是要对抗许多当代建筑的粗俗。建筑非常平整的立面体现了空间组织模式的内在节奏和模式，与风格派的几何形的平衡非常相似。显然，施罗德住宅（槙文彦曾经在20世纪60年代和凡·艾克一起参观过这座建筑）是这些设计直接的灵感来源，就像它对Tepia宇宙科学馆所起的作用一样。施罗德住宅是一座非常酷的几何形的建筑，它的清晰性和处理手法总是让人把它和路易斯·康那些最优秀的建筑联系起来。众所周知，槙文彦是康的崇拜者，他是槙文彦在20世纪60年代的作品的出发点。从这一点上来说，槙文彦的创作中那些简洁而均衡的形式是非常平静的。

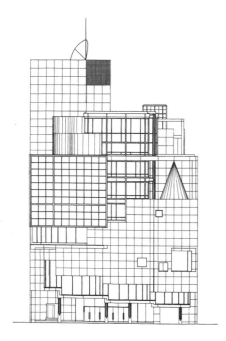

螺旋大厦，东京，1985。立面

槇文彦住宅，东京，1978。正立面

然而，当我们更加深入地审视他的作品，就会发现它们在整体比较克制的状态之下，还体现了一些刻意为之的、引人深思的小插曲。

槇文彦在20世纪60年代的项目——例如丰田纪念堂和千里市民中心——中，建筑群复杂而清晰的室内空间以及流动的立面表明了它们是20世纪70年代和80年代那些经典作品的先驱。同样，1975年在冲绳设计的国家水族馆以及1976年的筑波大学主楼具有二维特性的立面也体现了后来的作品中所具有的特征的征兆。筑波大学主楼强有力的立面在校园主轴线上形成了一个入口，我们可以很明显地看到京

都的国家博物馆居高临下的、均衡的立面和它是一脉相承的。

但是，虽然20世纪70、80年代的"经典"建筑已开始显得非常稳定和坚决，但是在它们下面隐藏着一种相反的组织关系，例如逐渐消融的螺旋大厦和被切开的Tepia宇宙科学馆。举个例子来说，从槇文彦住宅中的静止形式到螺旋大厦中对同样的基本形式进行风格派的转变过程反映了整个发展的模式。槇文彦住宅清晰地表达了容量和空间定义，从中我们可以看到与风格派特征相关的蛛丝马迹，但是这种特征在Tepia宇宙科学馆中变成了模糊的空间层叠。虽然槇文彦的建筑彻底

颠覆了呆板的秩序原则，但是它们仍然保留了一种疏离而精确的外表，不仅把一种不同以往的宽容的秩序包括在内，而且还通过建筑体验传达出它的精妙之处。

因此，虽然它们在表现上看上去是欧几里德式的建筑，但是进一步研究之后，你会发现在概括的秩序之中有着颠覆性的变化，它们在创造了令人愉快而迷人的时空效果的同时，还保留了一种稳定的安全感。因为在对稳定性的令人满意的表现之中，这些建筑还充满了错位和张力，在YKK研究中心的屋顶中，它最终打破了有秩序的几何形体的外壳，并且在雾岛音

YKK 研究中心，东京，1993

乐厅扭转的基座和屋顶中破茧而出。我们在槇文彦的"经典"作品中看到的微妙的偏离、序列和细微的差别同样可以在诸如17世纪京都桂离宫的花园和建筑之类的传统设计中看到。然而，正如铃木宏之所指出的："他非常自觉地对严格的现代主义原则进行破坏，但他也不会严格地按照传统的原则去做。他既不用这种原则也不用那种原则。他在不同的秩序之间找到了自己的位置。"[13]

今天，在全世界的建筑界中展开了对超越西方教条束缚的秩序的新形式的研究，从而在这个时代的动荡不安中注入某种安全感。槇文彦那些建立在几何形式上的建筑中错位而模糊的古典主义缓解了理性主义逻辑和直觉的、自由的创造之间的冲突和对立。它们一个是控制者，一个是解放者。

秩序和象征

这些"经典"建筑的概念是建立在槇文彦的信念之上的，他认为建筑师的职责在于"从复杂的现象中找出事物的本质，并且对主要的象征意义进行表达，而不管他出于哪一个时代之中……"[14]，而在复杂性中找寻内在的

新图书馆，庆应大学，Mita校区，东京，1981

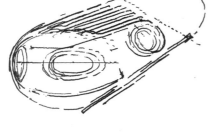

昆士兰现代艺术馆，布里斯班，澳大利亚，2001。
概念平面

秩序，并且用基本的、容易理解的、象征性的建筑语言把它们表达出来，也是建筑师的职责所在。这种双重性在"经典"建筑中得到了实现，它们把帕拉第奥和日本的构造结合在了一起，把包括理想的实体（和它们在现代建筑中的应用）在内的、经典的西方组织模式和日本传统设计中的空间层叠和普遍的线形原则融合在了一起。结果所形成的建筑既有欧洲别墅所特有的平衡和坚定，又充满了出人意料而富有魅力的深度。

秩序

槙文彦的经典建筑中普遍地存在着一种来自于整个几何秩序的解决方式。他曾经很频繁地提到，建筑的作用就是"秩序的综合和编排"。[15] 这个秩序在建筑中通过水平和垂直的点、线、面表达出来。它基本上是一种几何构成，我们很少在他20世纪90年代之前的作品中看到有机的自由形式。在关于Tepia宇宙科学馆的文章中，槙文彦评论说："整体的建筑美感是由贯穿于平面和直线之中的组织原则所控制的。"[16] 这个秩序不是对规则生搬硬套的结果；相反，它是宽容的、具有很强的适应性的，而且，和过去一样，是能够起到"维持建筑在物质上和精神上的连续性的作用的"，同时还是"建筑征服主流的伦理概念的精神原则"。[17] 这种风格派似的对正交几何形体的痴迷在后来的作品中被藤泽体育馆的拱

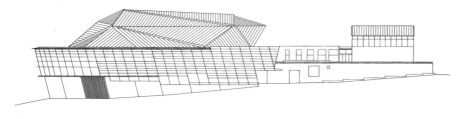

雾岛国际音乐厅，鹿儿岛，1994。北立面

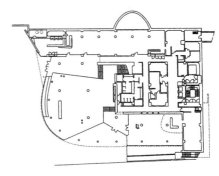

福冈大学，黑利奥斯广场，1996。一层平面

形屋顶和庆应大学湘南校区的研究生院的曲线墙所取代。到20世纪90年代为止，槙文彦的作品在形式的运用上变得更加兼收并蓄，不规则的形体和曲线通常在整体布局中占据统治地位，例如1994年的雾岛音乐厅、1994年的庆应大学研究生院、1996年的福冈大学黑利奥斯（Helios）广场、1996年的神奈川大学报告厅以及2003年的东京六本木朝日广播中心设计竞赛。还有一个运用曲线的例子就是槙文彦2001年参加澳大利亚布里斯班昆士兰现代艺术馆设计竞赛时的作品。在这个设计中，曲线的表面和成角度的通道相交在一起，与附近建筑的矩形形成了强烈的对比。在另一个赏心悦目的作品——2002年在长野穗高设计的Triad机械实验室——中我们可以清晰地看到槙文彦后期对曲线的兴趣，这座建筑是由闪闪发光的金属做成的一个非凡的、线条优美的、弯曲的管子。

模数比例

从历史上来说，日本建筑是建立在一个由榻榻米的尺寸或者铺贴的方式以及建筑的布局决定的模数体系上的。而结构的秩序又反过来决定空间的秩序。正如卡弗所指出的："这些空间结构的线索就是结构，它协调着通过对基本几何秩序的暗示而概括出来的空间组织关系。"[18] 在早期的欧洲现代主义者——例如塔特和格罗皮乌斯的眼里，这些组织方法和机器的模数控制之间的一致性把日本建筑传统和现代建筑密切地联系了起来。因此，从这一方面上讲，槙文彦的建筑体现了两种传统的和平共处。在基本结构的模数组织上，槙文彦加入了西方古典世界的三分法。这种在垂直体量上的三分法在当时的建筑中非常常见，它们大

多数位于一个基座的上面，并且以不同形式的檐口结束。它们包括建筑阶梯状的侧立面，就像在筑波大学主楼和庆应大学新图书馆中那样，以及螺旋大厦的阁楼和Tepia宇宙科学馆中紧绷的水平向屋顶。

网格

在传统的日本建筑中，网格通常是由结构模数的比例决定的。设计采用的几何形体是完整的，并且通常以方形和矩形的形式出现在结构和部分的模数尺寸中。相关的矩形充斥在整个建筑的次级和次次级模式上。大多数日本传统建筑的主要视觉特征是表面被不同尺寸的矩形和方形所覆盖。

网格是现代建筑采用的布局手段之一。在20世纪70年代的建筑师——例如美国的理查德·迈耶、日本的矶崎新和槙文彦以及在康1974年设计的、

螺旋大厦，1985，东京。立面障子细节

Tepia宇宙科学馆，东京，1989。立面

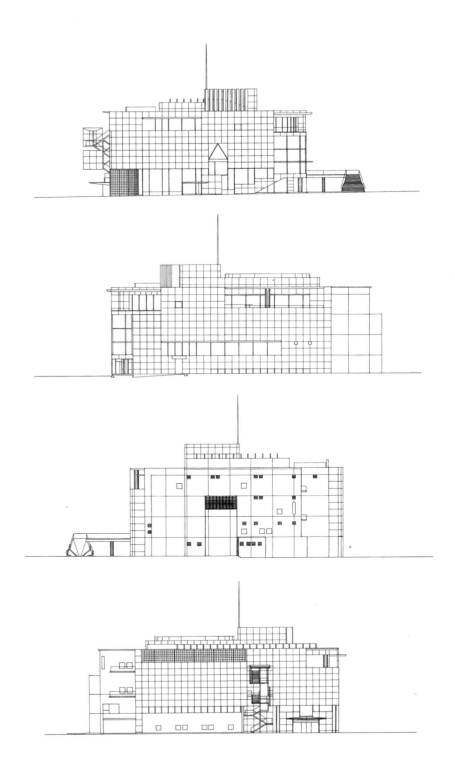

颇具影响力的耶鲁大学英国艺术研究中心——的设计中都出现过划分成网格状的立面模式。在这些建筑中，这种清晰的模式来自于预制板材的运用，例如瓷砖和金属板。这种网格状的立面划分模式现在仍然是日本建筑的一个特点，但是，正如西方评论家所说的："对于槙文彦来说，网格是一种象征手法。它是一种一体化的符号，而不是作品必要的基础。对于他来说，它是一种很神圣的东西。"[19]

通常来说，网格在槙文彦的早期作品中处于一种辅助性的地位，但是从20世纪70年代开始，它们在秩序、技术和装饰的层面都占据了视觉上的统治地位。它出现在建筑的室内、室外，以及像门和屏风之类的构件之上，甚至还出现在像灯罩那样的配饰上。槙文彦那些表明了设计是怎样从一个二维的网格中慢慢成形的概念性草图令人非常感兴趣——螺旋大厦的前期草图就很好地说明了这一点。[20]1976年的筑波大学主楼就是这些早期的、从不

克拉科儿童之家，波兰，1990。
模型，南立面和北立面

富山市民广场，1989，富山

同的网格体系中发展出不同的美的设计之一，在这里，结构框架和玻璃板所决定的最大的和最小的格律给建筑带来了一种令人印象深刻的形象和统一感，甚至，还有一种庄严感。庆应大学Mita校区新图书馆通过在外表面上采用橙红色的、斑驳的瓷砖，以及对模数和整体建筑布局的几何关系的强化也达到了类似的效果。YKK研究中心最值得夸耀的是一个由网格形的盒子构成的、引人注目的入口大厅，它就像是卡在主体建筑的外墙之上的。在东京大都市体育馆游泳池的玻璃墙中，网格变成了窗户的竖棂和头顶上的特氟纶屋顶的格子。[21]在许多作品中，例如富山国际会议中心，方形的木架子变

成了屏风等等。

在槙文彦的作品中，网格并不是一种毫无特性的、疏远的工具，像我们在伯纳德·屈米（Bernard Tschumi）的设计中所看到的那样，也不是像藤井宏美的作品那样把网格当作一种否定的、麻木的包装；它是设计的基本组成部分之一。槙文彦的建筑挖掘了网格的内在秩序，同时还在装饰的方面探讨了它所建立的模式和节奏。网格的统一性、没有中心的特点以及它本质上的抽象性也是非常重要的。它引导并且体现着比例关系，同时又否定和提供了对尺度的理解。也许，它的统一性所具有的象征性是对人类设计而不是自然事件的说明，这一点有着更加重

要的意义。当槙文彦开始尝试在一个打好格子的草图本上进行他早期的实验性设计的时候，他逐渐强化了对网格的实践；槙文彦说，他用标准化的薄片来作为基本的尺寸。[22]

槙文彦主要把网格用作控制几何形体的抽象的工具，在所有这些建筑中，都有一种因为它的规则而形成的清晰的秩序。然而，在YKK客舍中，网格不仅是控制建筑秩序的方式，而且还通过明亮的蜜色木板和半透明的玻璃形成了一种装饰。在螺旋大厦中，网格也在明显具有障子风格的立面上的大块的、成角度的板上起到了一个象征的作用。而且，在螺旋大厦中，网格呈现出一种寓意，在反映城

萨尔茨堡会议中心，奥地利，1992。东立面

市的有序和无序之间形成了一种转换。在 Tepia 宇宙科技馆中槙文彦以最优雅的形式展示了网格模式的魅力。在这里，网格再一次成了控制整体的秩序和节奏。它的优雅无处不在。尤其值得注意的是精雕细刻的立面，玻璃幕墙和精致的铝板协调地并置在一起。

原始形式

在"经典"建筑中，我们可以清楚地看到槙文彦对简单的几何形体和原始形式的纯粹性的偏爱。方形、三角形、矩形，以及圆锥体、棱锥体和圆柱体构成了非常容易识别的语言。原始形式的纯粹性体现了作品的永恒秩序和稳定性。然而，虽然元素本身是传统的，但槙文彦对它们的处理和布置却是现代的。这些形式进一步加强了槙文彦和西方古典建筑之间的联系，尤其是勒·柯布西耶对原始形式的运用。在槙文彦的建筑中，方形和它的变异是最主要的图形；它们不断地出现在平面、剖面和立面上。例如，在没有建成的克拉科儿童之家（波兰，1990）中，

富山市民广场，富山，1989

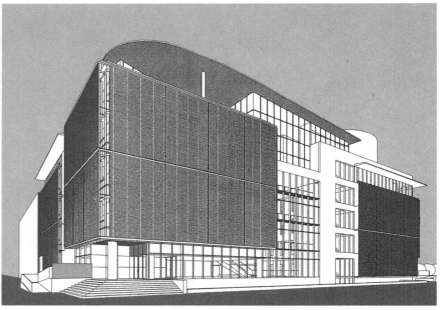

MIT 媒体实验室，波士顿，2005。透视图

平面是一个方形，而整个体量是两个粘在一起的立方体。槇文彦的许多建筑在设计的初级阶段都是从四边形的网格或者其他的基本原始图形中切割下来的单元。京都博物馆和电通广告大楼前期的草图建筑体量形式也是从这样的一个单个的体量框架中发展形成的，立面也是以同样的方法从平面的网格中发展而来的。在 Tepia 宇宙科学馆中也可以看到这样的一种从单线的体量发展而来的过程，在那里，槇文彦用一个玻璃立方体来描绘建筑在各个方向上都是由不同的平面层叠而成的。设计工作是从槇文彦一张立方体玻璃展馆的草图开始的。它明确地体现了水平和垂直方向上的平面是如何在概念上构成整个建筑的。

京都博物馆庄严的灰色花岗石体块是槇文彦的建筑中最强有力的几何形体。接着是槇文彦对体现某种仪式的重要性的三角形和圆锥体的运用。在富山市民广场等建筑中，三角形作为一个主要的母题出现在建筑立面上，而在国家现代艺术博物馆中，则作为主立面和次立面上一个透空的山墙出现，它与中间的楼梯间的装饰母题保持了一种协调的状态。但是，最引人注目的三角形图形是螺旋大厦立面上圆锥形标志，它形成了与建筑其他部分的矩形格局之间的对照。1990年，槇文彦在东京体育馆中拓展了他对抽象几何布局的研究，在那里不同运动馆的屋顶沉没在广场的下面，像一群几何形的坟墓那样突出在一个月球表面似的平原上，形成了一个巨大的、抽象的花园。

在 1992 年萨尔茨堡会议中心的竞赛中，槇文彦用柏拉图式的立方体做出了纯粹主义的建筑表现。立方体的表面由层叠在一起的透明的和半透明的玻璃和穿孔的铝百叶组成，白天发着微光，晚上则闪闪发亮。[23]主要的室内体量就像一个漂浮在空中的物体，让人想起1920年的第三国际塔特林纪念碑。立方体形的体量与莱姆·

东京基督教堂, 东京, 1995

库哈斯（Rem Koolhaas）1989年巴黎国家美术馆的入口和伊东丰雄在20世纪90年代中期设计的媒体中心也有着密切的关系。

平面

对平面图形的处理的重要性进一步说明了槙文彦对形式的关注与早期的立体派和风格派对平面布局的研究之间的关系。而且，槙文彦对东京的空间结构的研究还体现了在狭长的地形上通过层叠的屏风形成的Oku风格和纵深感。平面布局带来的空间可能性重新引进了日本的层叠和纵深的概念。而且，就像在1989年的富山市民广场

和1982年的YKK研究中心那样,槙文彦通过在墙面上开设洞口来形成惊鸿一瞥的效果。在槙文彦的作品中，我们可以清楚地看到他对层叠的多层平面的研究，例如我们在YKK客舍和富山市民广场中看到的那样；也可以看到在单个平面内的叠加，例如Tepia宇宙科技馆的多层墙体，在那里，由透明的、半透明的或者穿孔的表皮叠加而成的神奇的墙体形成了一种若隐若现的效果。在1995年东京基督教堂中，天国被表现为巨大的、层叠的玻璃幕墙，它形成了祭坛后面的圣殿的墙体，把室内空间从外面喧嚣的街道上隔离出来。这道著名的墙体由两层表皮组成，

外侧的双层玻璃上涂了一层室外陶瓷釉来避免西晒，内侧的双层薄薄的磨砂玻璃之间夹了一层玻璃纤维，在室内形成了乳白色的光线，就像障子所形成的效果一样。两层表皮之间的空腹桁架既是它们的支撑，又把这两层表皮隔离开，中间的空气层起到了降低噪声和增强绝缘性的作用，同时也为通风系统提供了充足的空间。

为了取得更好的视觉、空间和照明的效果，槙文彦对各种各样的网眼进行了研究。厚重的木格屏风给富山国际会议中心带来了秩序，宽大的垂直穿孔铝板守护着庆应大学研究生研究中心，而山坡西侧沿街立面上水平向

富山国际会议中心，富山，1999。木屏风

朝日广播中心，都港，东京，2003

YKK 研究中心，东京，1993

的铝管形成的百叶形成了一种特殊的外观效果。在朝日广播中心中，带有檐口和百叶的不规则的曲线形表皮沿着基地的轮廓线布置，环抱着里面的矩形正交建筑。这种笼子里的建筑概念来自于萨尔茨堡会议中心的设计。但是，槙文彦对层叠的平面的处理仍然是含蓄的，并没有像其他日本建筑师——特别是相田武文那样，对这种现象进行极致的表现。对于槙文彦来说，平面是形成建筑内部张力的重要组成元素。这一点在后期作品，例如螺旋大厦和Tepia宇宙科学馆中，可以清楚地看到，在那里，相互独立的、成角度的平面就

研究生研究中心，庆应大学，藤泽，1994。
金属板

山坡西侧，东京，1998。金属管百叶

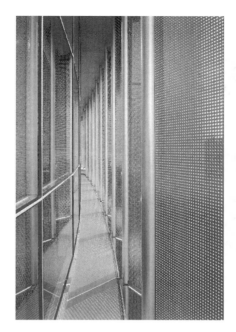

像屋顶平面和建筑主体的交点一样，透露出一种从岩崎博物馆和槙文彦住宅中最初非常稳定的平面布局中分离出来的、近似风格派的特征。

对于建筑表达来说，最重要的是不同平面的连接。尤其是在剖面逻辑发生重大转变的地方，例如国家艺术博物馆中，从基座上粗糙的石头到抛光的石材外墙之间的转变，或者在庆应大学湘南藤泽校区的客舍中通过不同的混凝土浇筑和处理手法的对比形成的效果。这些材料的变化、它们的收边和连接，体现着对建筑秩序的一种更深层次的表达。

聚集

槙文彦对建筑形式集的基本处理手法，例如"形式组群"，一直沿用到了他在20世纪70年代设计的单体建筑中，岩崎博物馆就是一个很好的例子。岩崎博物馆的轴测图非常有趣，它形成了一个充满力量的中心骨架，具有不同空间特征的附属物就通过它联系起来。这些70年代的建筑都是由单个几何形体构成的局部聚集在一起而形成的，但是在槙文彦后期的作品中出现了各种不规则的元素，例如在1989年的泽布勒赫渡船终点站中，"四个形式分别暗示着冰山、鸟的翅膀、指南针

和漂浮在空中的飞碟"。[24]YKK研究中心的组群也是由极具特色的局部组成的，它把玻璃盒子似的中庭、曲线形的办公楼和其他的各种铝板所围合成的盒子似的体量结合到了一个居中的庭院空间的周围。

槙文彦对元素之间的空间——也就是传统的Sukima（剩余空间）的兴趣也体现在局部的组合上。他在写到Sukima的时候，给予了高度的评价："当建筑的位置确定之后，它所产生的Sukima在某些程度上就变成了当地文化的一面镜子。城市就是这样的场所的集合。定义它们的并不是建筑本身，

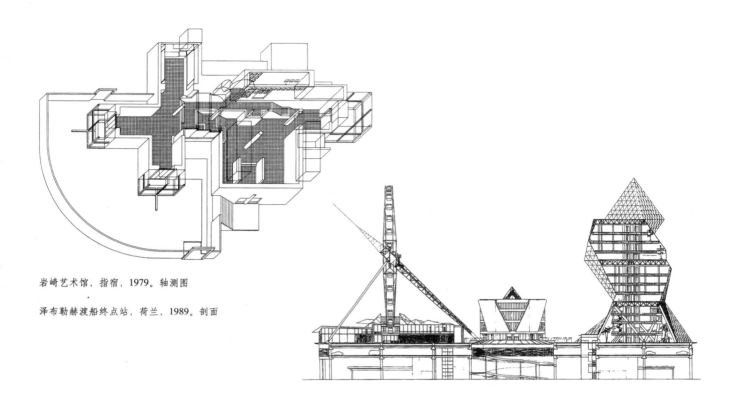

岩崎艺术馆，指宿，1979。轴测图

泽布勒赫渡船终点站，荷兰，1989。剖面

而是包含它们的整个的当地社区，以及它的结构特征——这就是 Sukima 的所指，也是城市和 Sukima 之间的关系。"[25] "Sukima"这个词来自于 suk（空缝）和 ma（中间的空间）。Sukima 是一个精确的东西——槙文彦在谈到他在立正的房子和原有建筑之间 6m 宽的 Sukima 时说，这种距离在美国是无法忍受的，因为实在是太近了，而在英国，房子都是连起来盖的。他还评论说"当所有的东西聚集到一起的时候，就必须有一定的原则，否则就会变得毫无秩序。而这样的原则可以有很多种，我觉得 Sukima 就是其中之一。"[26]

很显然，这种创作手法是典型的茶室（Sukiya）风格的聚集方式的延续。这种布局手法导致了很少有正面相对的建筑的产生，通常都需要从三维的角度去认识它们的室内外空间形式。与上面这些东西相对比的，是设计中的对称和非对称之间，以及强烈的轴线对位和其中的偏离的通道之间的平衡。让-路易斯·柯亨（Jean-Louis Cohen）把这种平衡称作是"在整体的对称中调节局部的对称的方法，这一点可以理解成在集中的轴线体系中引入不规则的元素"。[27] 这是这些建筑共有的特征；岩崎艺术馆一期就是一个

很好的例子，在那里，主楼梯被移到了边上，沿着主要的长轴向上，建立起了一种微妙的双重性，最后消失在楼梯平台之中。与之相对的是主要的美术馆具有严格的交叉轴线的集中型空间。

对称性和正面性这种表面上抽象性也有例外。由于和相邻建筑的距离很近，所以螺旋大厦有一个非常明确的立面。而 Tepia 宇宙科学馆的用地则宽松得多，所以它既有正面又有立体的设计。螺旋大厦的正面性也是由于槙文彦的非传统处理手法的结果：在螺旋大厦的设计中，立面是最先设计的，而功能是根据立面来安排的。也就

岩崎艺术馆，指宿，1979

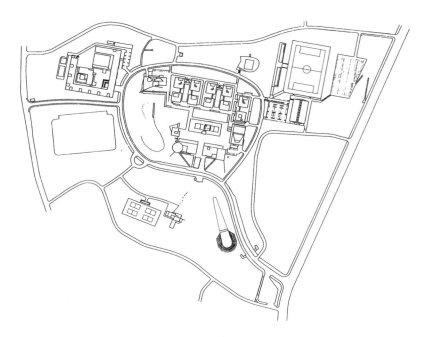

庆应大学湘南校区，藤泽，1992。总平面

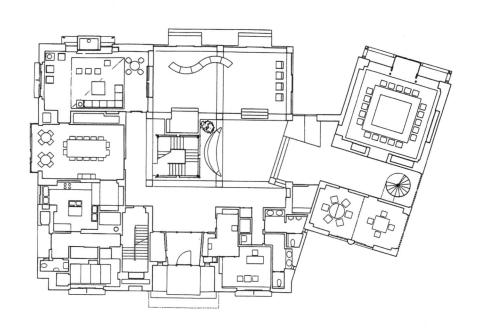

YKK 客舍，黑部，1982。平面图

Kaze-no-Oka 火葬场，中津，1996

是槙文彦所谓的："功能追随形式。"[28]
在国家现代艺术馆中，虽然平面和立
面都是规则的矩形，但是槙文彦还是
通过洞口的错位打破了立面的对称感。
这一点在西立面上尤其明显，在那里，
一个巨大的、不平衡的方形洞口穿透
了表皮，打破了原来对称的布局。而
且，虽然这些建筑是由具有很强雕塑
感的局部所组成的，但是这些局部本
身都是具有很强的正面性和对称性的，
岩崎艺术馆一期的门厅立面和YKK客
舍东立面上集中的局部很好地说明了
这些特点。

槙文彦喜欢在规则布局有着严格

秩序的框架中插入斜向的队列。他常
用的设计手法是用眼睛而不是某种预
先确定的角度在模型中研究这些成角
度的元素与轴线布局关系。这个错位
的角度一般为15°、17°或者18°，而
不是更加规则的45°。从与校园建筑的
轴线成斜角的湖边看去，庆应大学湘
南校区中严格的正交体系被斜向的学
生中心给打破了。藤泽体育馆的体量
和YKK客舍中斜向的会议室是这种转
变的早期实例。通过这种方法，槙文彦
的作品以一种直觉的而不是先决的几
何的关系而保持了一种独特性。他把
这种布局方式称作是两种独立形式的

交叉。在YKK客舍中，一个体量很大
而另一个很小："每个形体都是对称
的，但是当它们结合在一起的时候，整
个布局却显得不那么沉重。为了打破
大和小的差异，我通常会把轴线转变
一下。"[29]

槙文彦建筑中的这种错位的趋势
在雾岛音乐厅的形式构成和局部扭转
中变得越来越清晰。首先可以在从鹿
儿岛来的公路上俯瞰音乐厅，这时候
我们会看到那个斜向的、张开的屋顶
在闪着银色的光芒。然后我们沿着公
路下到基地，在那里我们可以看到建
筑有点不稳定地栖息在它丘陵般的基

丰田客舍和纪念厅，名古屋，1974。景观小品

Tepia 宇宙科学馆，东京，1989。广场

地上。建筑的斜墙在低洼处探出身来，马上带来了一种不安的感觉。接下来，沿着基地北侧布置的门厅形成了主体建筑和它所在的基座的轴线之间的错位，在原本对称的布局中造成了一种干扰。这座建筑的戏剧性效果主要来自于扭转的屋顶引人注目的形状。它与槙文彦之前的作品中那些大型金属屋顶低矮、放松的轮廓线形象成了鲜明的对比。雾岛音乐厅的屋顶没有着力于表现一种安详的感觉，恰恰相反，它紧紧地拴着，看上去正在努力地向上挣扎。Kaze-no-Oka 火葬场中也有一个明显的错位，它非常戏剧化地倾

斜过来，就好像要沉到地底下去似的。这些建筑把槙文彦在 20 世纪 80 年代末的建筑表现拓展到了一种来自于内在的不稳定性的张力的表达方式。设计中那些不同方向的错位反映了槙文彦对当代生活和现在普遍接受全球化理论的社会错位的理解，同时也体现了人们先前所接受的真理和途径的稳定性的丧失。

风景

　　槙文彦的建筑所在的场所，以及建筑和花园之间的连接产生了另一个层面上的秩序。槙文彦通常会和一位景

观设计师合作。他倾向于把景观分成不同的组：从建筑中的某些角度可以看到的花园、作为"运动空间"的一部分的一系列布局、表现与现实的混沌相脱离的虚构世界生动场面的雕塑，以及作为建筑的几何化延伸的景观。

　　正如隈研吾所指出的，槙文彦对自然的理解来自于中国园林设计的图画传统，在那里，建筑被看作是取景的框。[30] "山水画"的框景和凝视与"散步庭院"的动态本质的结合也是来自于中国的先例，它们把传统的日本造园手法和现代作品结合在了一起。丰田客舍和 Kaze-no-Oka 火葬场是这种手

名取表演艺术中心，名取，1997

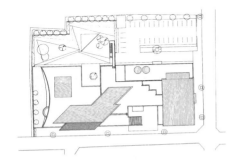

中津小畑纪念图书馆，中津，1993。总平面

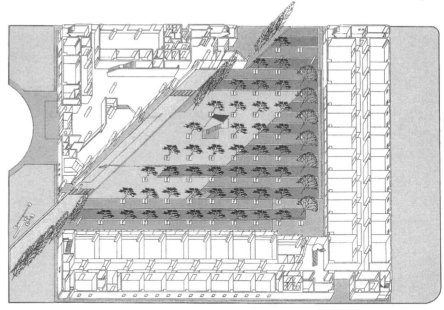

山度士药物研究院，筑波，1993。庭院轴测图

法的最好的例子，那里的景观小品，无论是室内的还是室外的，都可以在穿过建筑的时候从某个精心设计的洞口中看到。在尺度巨大的雾岛音乐厅中也是如此，在进入主要的音乐厅之前，就可以看到四周宏伟壮丽的火山岩。槙文彦采用的"框景"也是中国／日本传统的园林设计手法。也就是说，在墙洞的外面设置墙面或屏风来控制能够看到的景象的范围。在槙文彦的大多数作品中都能看到这种设计手法，包括像市政厅或者图书馆这样非常平和的社区建筑，例如1993年在中津设计的小畑纪念图书馆。传统庭院是槙文彦的

设计中一直延续下来的主题，无论是在他自己的住宅中小小的庭院还是像在YKK研究中心和1997年的名取表演艺术中心那种巨大的、透明的、种着奇异的植物的透空之中，都沿用了园林的设计手法。

螺旋大厦顶层超现实的几何形花园也是一个很好的例子，它显露出一种远离城市的态度，这一点不仅表现在它的位置上，还有金字塔形的喷泉、经过严格的修剪的圆锥形塞浦路斯树以及圆柱形的护栏，都体现了一种法国文艺复兴时期玩具般的庭院特色。这个庭院的设计灵感来自于勒·柯布

西耶1921～1931年在巴黎的查尔斯·德·贝斯特贵公寓（Apartment Charles de Beistegui）的顶层设计的超现实主义花园。正如勒·柯布西耶所发现的，在查尔斯·德·贝斯特贵公寓、马赛公寓（Maiseilles Block）以及昌迪加尔（Chandigarh）那样的建筑中，顶层是惟一可以实现他的纯粹的柏拉图式的实体的地方一样，槙文彦也把螺旋大厦的屋顶当作了一个可以放纵他纯粹的形式梦想的平台。Tepia宇宙科学馆街道层面的广场延续了螺旋大厦花园的几何游戏中那种沉静的感觉，在那里，他布置了纵横交错的小道、立方体的体

YKK 研究中心，东京，1993。庭院

螺旋大厦，东京，1985。屋顶花园

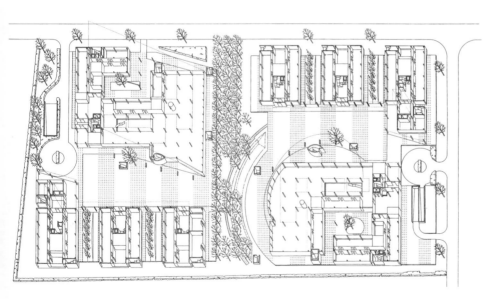

伊萨尔河 Büro 公园，慕尼黑，1995。轴测图

量和修剪得非常整齐的树篱，用那些为了阻挡从打破了整体几何布局的呆板的、蜿蜒的小溪中喷射而出的水而设置的矮墙创造了一个充满活力的休闲空间。

槙文彦后期的作品中会经常地用植物、小径和水道构成一个三维的地毯，就像一个棋盘一样，而建筑就布置在其中。1993 年在筑波设计的山度士药物研究院、1995 年在慕尼黑设计的伊萨尔河 Büro 公园以及 1997 年的名取表演艺术中心，这些建筑都是和景观

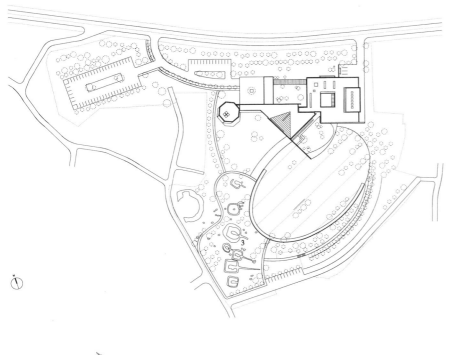

Kaze-no-Oka 火葬场，中津，1996。总平面图

Kaze-no-Oka 火葬场，中津，1996。草图

设计师宫本彻合作完成的，他们在建筑和植物之间建立起了几何关系，而建筑的秩序也被延伸到了周围的环境中去。在山度士药物研究院中，一个巨大的、种着杜鹃花和竹子的庭院和种满了枫树的山坡是严格按照与河道有着密切关系的网格来布置的，在两栋建筑之间形成了一个非常有秩序的环境。顾名思义，伊萨尔河 Büro 公园是一个在公园一样的环境中的建筑群。在这里，周围的环境特色是彼此分离的、赏心悦目的几何形草坪、铺地和成

排的枫树。长短相间的草坪与周围的农田很像。同样的，在鸟取地方艺术馆的设计中，稻田成了展览区外侧的台地的灵感来源，因此这个博物馆被叫作是连接内外的"花园艺术馆"。一个两层通高的玻璃冬季花园中，参观者可以看到整个景观的全景。

完成于 2005 年的岛根考古及人类博物馆也反映了周围的环境，并且和它融合在一起。室外的耐高温不锈钢墙体体现了曾经在当地很繁荣的冶金和金属工艺。从它的室内平台上可以

看到古代的大社和山景。钛金的屋顶缓缓地融入周围的景观，形成一条不断变化的天际线。

受到埃瑞克·贡纳·阿斯普朗德（Erik Gunnar Asplund）1940 年在斯德哥尔摩设计的伍德兰教堂和火葬场的启发，Kaze-no-Oka 火葬场的建筑和环境是槙文彦的作品中比较独特的一个。[31] 在山顶上，火葬场的抽象形式把多个雕塑感很强而且具有象征意义的形式结合在了一起，这些混合在一起的形式产生了一个抽象的场景，把

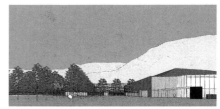

岛根考古及人类博物馆，岛根，2005

漂浮展馆，格罗宁根，荷兰，1996

原来就存在的墓地、3世纪的坟墓和挖空的、椭圆形的、有着Yasuko Shono设计的风铃的深坑结合到了一起。建筑和地形都形成了与理查德·塞拉 (Richard Serra)的雕塑和其他致力于景观设计的艺术家的作品相似的抽象效果。[32] 从下沉的盆地中间开始，周围的环境被泥土的护坡挡在了外面，风铃的声音弥漫在空气中，传递着一种孤独的感觉。槙文彦的建筑中最轻盈、最

变幻莫测的是1996年格罗宁根的漂浮展馆，它与Kaze-no-Oka火葬场形成了鲜明的对比。这座建筑没有自己的基地，它只是在每次停下来的时候，与周围的光和环境进行着对话和交流。除了它那云状的、稍纵即逝的美之外，它与几何和传统没有任何的关系，它更多的是与动态的现在产生着联系。

从20世纪60年代带有基座的、高高在上、与环境相脱离的建筑，到他在

70年代对运动的兴趣，再到80年代抽象的几何形体，以及后期的更加外向的建筑，槙文彦的建筑与环境的结合是与他的建筑的发展同步进行的。

想像

　　槙文彦对现代主义进行拓展的目的之一，就是用要一种典型的价值对它加以丰富，也就是说，"与想像有关的现代主义"。[33] 为了达到这个目的，槙

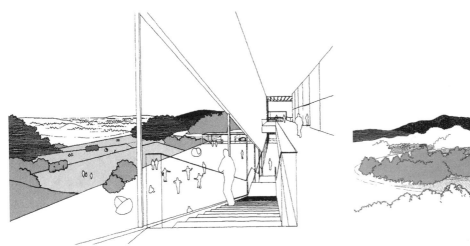

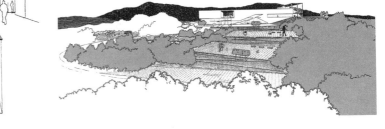

雕塑平台的景观

环境中的建筑

从冬季花园看

鸟取地方艺术馆，鸟取，1998

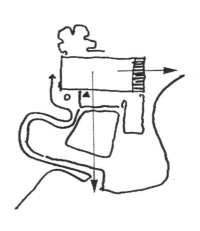

视线轴

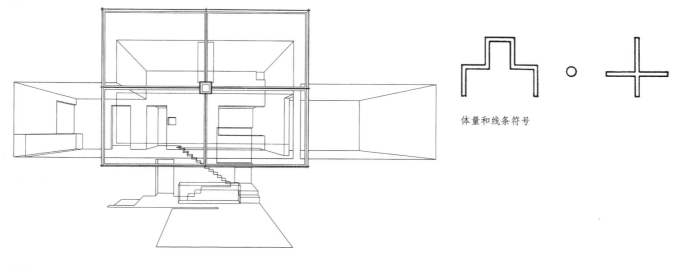

体量和线条符号

槙文彦住宅，东京，1978。抽象图解

文彦同时采用了抽象和暗示的手法，他用抽象的手法来探讨与技术发展的未来相协调的美学而用代码的参考来强调作品的主题。与具有非常清晰的意义和内涵的日语不同，英语通常被用作隐喻，因为你可以随意地对它进行解释，可以有无数种不同的理解。槙文彦用来激发人们想像的词语包括"doll's house"（玩偶之家）、"ship's galley"（船上的厨房）等等。而且，正如渡边所说："重要的是这些词语所具有的想像力。因为在英语里，它们可以被授予其他的、含糊的意义。"[34]隈研吾解释说："重要的不是用字面上的隐喻而是要把这些词汇日语化。日语文化是可以接受隐喻的，因为隐喻是没

有固定形式的。"[35]

20世纪70年代，槙文彦的建筑中出现了清楚的代码。这些代码看上去首先与静止的（后来是不静止的）图形有关，其次，是对欧洲和日本的过去的建筑的参考，第三，它们是公共建筑中社区价值和状态的符号，而且，第四，它们说明了现在世界的状态。

**静止的（不静止的）图形
——传统的编码**

静止的图形是作为界定建筑整体室外形式的抽象符号出现的。静止的图形通常比较简单，例如遮蔽和围合的图形等等，它们主要体现为住宅的元素。最常用的就是儿童画中用来表

现屋顶的金字塔形、用来象征安全的打着方格的笼子，以及方形的窗户。[36]这种选择与阿尔多·罗西选择的三角形屋顶和打着方格的窗户等通用符号有着非常有趣的相似之处。然而，在罗西的符号中有一种令人难忘的特质，这一点是槙文彦表达清晰的符号中所没有的。在20世纪70年代末期的建筑——例如槙文彦住宅和岩崎博物馆中，这些图形符号的表达是最清晰的。然而，方形和十字网格的符号贯穿于槙文彦的所有建筑之中，甚至还出现在像庆应大学Mita校区新图书馆这样的大型建筑之中，在那里，中间的十字梁和柱子在一层和二层形成了十字网格，而在三层和四层形成了T字型。而它的

阿尔多·罗西。草图

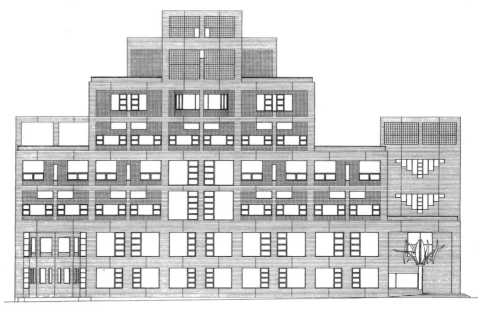

庆应大学 Mita 校区新图书馆，东京，1985。立面

整体轮廓线就是一个尺度被夸大了的屋顶形象。

岩崎艺术馆用没有出口的死胡同和不能用作通道的、超尺度的、非常具有雕塑感的楼梯拓展了它的抽象含义。美术馆上方明亮的玻璃水槽有着更进一步的图像价值。槙文彦把它们称作"光的房间"，并且在某种程度上把它们看作是建筑目的的一个象征——一个除了对务实的功能理解之外的立场。槙文彦在他为克拉科一个收养了八个孤儿的妈妈设计的福利院中运用了孩子眼中的房子的形象。这个房子上部比较大，象征着住在里面的这个不寻常的组合。

YKK 客舍的外部以英国农庄的"房子"形象为特征。它与克拉科孤儿院的单纯截然不同。这是一座尺度巨大的建筑，有着象征性的斜屋顶、高耸的烟囱和凸窗的竖棂。在这里，槙文彦冒了一个险，他把建筑推到了庸俗的边缘，但是凭着他惯用的手法和优雅的比例以及几何化的布局，这座建筑变成了他最精致、最迷人的设计。

日本住宅和西方的庄园都对YKK客舍的设计产生了影响。入口大厅的灵感来自于传统住宅中低矮的入口，浅色的木格和半透明的嵌板显然是障子或者纸灯笼的一种变异。而且，这个三层高的中央大厅上面有着巨大的混凝土交叉梁，它形成的空间和结构与以金泽为代表的传统的城市住宅有着非常明显的相似性。[37]

岩崎艺术馆的两种体量组织模式与两个建设过程有关，第一个阶段是1979 年，另一个是 1987 年。从第一个阶段和第二个阶段之间的对比中，我们可以清楚地看到传统的日本住宅是作为一个设计的背景而存在的。但是，第一座建筑有着帕拉第奥别墅那样的形式和清晰的思路，（通过一个地下通道与一期相连的）扩建部分则显得非常厚重和隐蔽，体现着农舍特有的幽暗。一期主要用来存放主人的日本现代艺术和西方野兽派风格绘画的私人收藏品，而扩建部分主要用来展示日本的陶瓷、绘画和民间艺术。不同的展区有着不同的氛围和灯光效果。入口大厅用朴实的材料

岩崎艺术馆，指宿，1987。二期。进入展厅

岩崎艺术馆，指宿，1979。门廊

岩崎艺术馆，指宿，1979。光的房间

做成楼板、独立的柱子、很小的洞口以及厚重的屋顶，暗示着住宅中的 *doma* 工作区，而主要的展厅则起着座敷（*zashiki*）的作用，接待室的玻璃砖则与障子很像。这里的运动流线是往上穿过美术馆，最后到达暴露在阳光下，可以看到整个景观的顶层。这条路上的房间装修和氛围各不相同，可以看作是1996年的Kaze-no-Oka火葬场的空间序列的萌芽。

这些由简单的几何形体构成的建筑强化了那些可以把司空见惯的东西改造得别具一格的语汇，它们有着吸引人的形式和图形特征，超越了对现代建筑的传统理解方式。这是一座有启发性的、让人安心的建筑，熟悉而富有安全感。

在槙文彦那些与基地和日本历史紧密结合在一起的作品中，我们可以清楚地看到他对传统的和熟悉的东西

的借鉴。船的形式经常作为一种隐喻而出现。岩崎艺术馆最初就是从船的形象开始的，雾岛音乐厅的正面看很像一艘船，船的形象也是旧金山耶尔巴·布纳公园视觉艺术中心的灵感来源。槇文彦把1990年在威尼斯设计的电影宫称作是就像"静静地漂浮在水面上的水晶船"。[38] 2003年在新潟设计的国际会议中心的侧立面就像是一艘远洋巨轮。当然，1996年格罗宁根的展馆就更像船了。

东京的螺旋大厦和京都的现代艺术博物馆都很好地描述了场地的特征。有着模糊的模式的螺旋大厦抓住了东京的动态的特点，而京都的博物馆则是非常庄重而平衡的，有着与那座网格形的城市的节奏非常协调的高贵。这座博物馆中有着无数的隐喻，从对日本的纪念性的砖石建筑粗糙的石材的借鉴，到作为冈崎公园平安时代的神祠主入口的巨大的、红色的牌坊门那雄伟的形式和对称的格局，再到在夜晚会像纸灯笼一样亮起来的角部的楼梯塔。其中最引人注目的是对材料的古典的用法，尤其是花岗石，槇文彦之所以选择它就是因为它的不朽的特征。

在槇文彦的大型建筑中也采用了在普通事物中赋予象征性的和字面上的意义的做法。他写到1985年藤泽体育馆主馆空间设计的灵感就来自于"陶瓷的Nambu-ware壶，三味线（shamisen）的琴拨和扇子"，[39] 它的形式暗示着一个在禅宗仪式中使用的木鼓（mokugyo），但是它有一个更深层次的含义——一个武士的钢盔。对于槇文彦来说，建筑的作用之一就是作为某个下意识的图形的提示。他写道，藤泽体育馆的屋顶"通过一个既像中世纪的武士头盔又像宇宙飞船的图形同时象征着过去和未来"。[40] 描述如何把虚拟的头盔的造型转变成第二个体育馆的屋顶的草图清楚地说明了这样的一种联系。这张图是最具表现力的图形之一，它抓住了把传统和现在与未来结合起来的关键所在。槇文彦把这

藤泽体育馆，藤泽，1984

藤泽体育馆，藤泽，1984。
建造中的形象的拼贴画

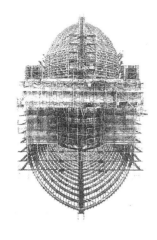

个屋顶称作是"人造的文化，一个与历史有着很深的渊源的赝品。从这一点上来说，我觉得把屋顶本身看作是对两个传统的隐喻是可能的"。[41]但是，藤泽体育馆的大多数形式还是由它的构造所决定的。正如槙文彦所指出的："手工焊接的不锈钢表皮也许并不比做一套盔甲来得困难。"[42]但是槙文彦的目的并不仅仅在于简单的展现。在藤泽体育馆中，他想追求一种未来派的形象，在这里他提到了他在童年时候见过的齐柏林飞艇——它是激发孩子的想像力的新时代，召唤"不同的东西"、"奇怪的东西"的诞生。在藤泽体育馆中，那些奇怪的形式的目的在于让人产生敬畏的感觉，就像"城市中那些熟悉的景象让我们想起共同的过去；它会带来舒适感和稳定感。另一方面，不熟悉的景象既会带来恐惧又会带来兴奋，会释放出我们的想像力。"[43]对能够与新时代产生共鸣的建筑的探索是槙文彦的作品中一个重要的组成部分。他把这一点解释成："如果有一种新的需要，我们就应该有一种专门的思想来作出回应并且把它制造出来，人们也许不知道什么是建筑，但是他们在看到它或者走到它里面的时候会被它感动，那么我们也许就达到目的了。这就是我们所要寻找的东西。"[44]因此，这一时期槙文彦作品中的象征物既包括那些体现已经认识的和熟悉的内容的东西，也包括体现未知的、不明确的内容的东西。

公共的存在

从西方人的角度来讲的公共建筑对于日本来说是一个新的概念。日本文化注重含蓄、不事张扬。即使是像皇居那样的所谓的公共建筑也是会把公众的视线屏蔽在外的。槙文彦写道："即使在当代的日本建筑中，公共性也是通过领域的使用和设计来表现的——对明确的或者不明确的边界都非常敏感；通过障子或者其他的屏障实现空间的层次；空间布局的指导思想不是

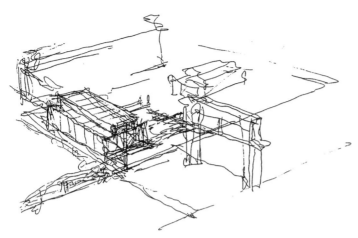

国家现代艺术博物馆, 京都, 1986。草图

藤泽体育馆, 藤泽, 1984。主馆北立面

中心而是深度 (oku)。"45 如何在当代日本恰当地表现公共建筑的问题在概念上充满了挑战性。

20世纪80年代, 槙文彦详细地介绍了他对公共建筑的看法和它的作用, 槙文彦和矶崎新对这个问题的看法为日本社1985年在纽约的日本之家举行的"新公共建筑: 槙文彦和矶崎新近作"的展览提供了素材。46 在展览目录中发表的一篇富有启迪性的文章中, 槙文彦谈到了对公共建筑的需求。他写道, 在这里"公共性指的是建筑应该拥有的某种特征……一个公共的维度"和"建筑最必要的条件, 尤其是对于公共建筑来说, 它的空间, 或者至少是它的公共空间会因此而充满高贵感和纪念性。"47 槙文彦这个时期主要的城市建筑——京都国家现代艺术博物馆很好地说明了这种原则, 这座建筑也在

"新公共建筑"的展览中进行了展示。在目录中, 这座建筑被描述成是适度而得体的, 它通过整体布局中的尺度等级、对称的立面和平面矩阵形成了一个合乎文法的"经典的"平面, 它的体量关系体现了一种抽象的力量和与传统的日本文化价值相关的东西, 就像半透明的障子似的角部楼梯以及立面的网格模式所体现的那样。而且, 它简单的矩形、几乎对称的立面、古典的三段式、厚重而粗糙的基座、精致而优雅的材料以及室内宏伟壮观的门厅和楼梯所具有的庄严感体现出了强烈的公共性, 因为, 正如槙文彦所说的, 公共建筑需要"通过某种空间处理和壮丽的外观而形成的"具有高贵感的空间。48

为了表现国家的声望, 槙文彦利用了京都的历史背景, 这座城市里的街道

不同寻常的方格网在建筑的形式和立面上得到了反映。而且博物馆的位置恰好坐落在日本最早的现代公园——有着平安时代的神祠的冈崎公园之内。国家现代艺术博物馆是槙文彦的作品中惟一一个试图解决公共建筑适当的存在的问题的建筑, 它是史无前例地通过西方传统的古典形式来表现的。

时间

对当今的全球化文脉和20世纪末期日本的特殊环境的描述是槙文彦的建筑中很重要的组成部分。因此, 槙文彦在现代精神中加入了对"时代精神"的反应和概括。这一点在20世纪70年代和80年代——一个创造和繁荣的时期——日本的"经典"建筑中表露无遗。槙文彦把表现日本建筑工业的特殊环境看作是建筑的职责所在。他说:

新潟中心，新潟，2003

"我相信建筑可以通过充分利用现有的技术和工艺来对社会作出有用的贡献，因此，创作一件作品实际上就是对时代的体现，理解这样的使命是建筑师义不容辞的责任。"[49] 展现了先进的电子和微电子产品的Tepia宇宙科学馆的特殊性来自于槙文彦想要展示和超越当前的艺术状况的决心。因此Tepia宇宙科学馆体现了最先进的技术和材料。它体现了20世纪90年代日本建筑技术的高水准，槙文彦把它看作是现代社会的一个宣言。槙文彦的建筑取得的成就之一就是对文化和技术的现状提供了既全球化又很本土的理解，同时又没有很明显的地域性或者风格化的表现。

但是时间远远不止技术那么简单，几乎没有什么建筑能够比螺旋大厦更好地表现在某个特定时期中特定场所的总体趋势。螺旋大厦是应华歌尔女式内衣公司的委托而设计的，作为公司形象的体现和对东京市民生活的贡献。槙文彦有一种本质上非常开放的整体构思，就是想要设计一座优雅而不突出的、让人愉快——甚至有点纵容的建筑。螺旋大厦包括餐厅、艺术馆、专卖店、奢华的精品店、美容院和剧院等等功能，是一个极其休闲和快乐的地方。在见到它的庐山真面目之前，必须要穿过一系列的包裹在外面的表皮。螺旋大厦是20世纪80年代日本的化身，因为作为快乐的源泉之一，它反映了80年代膨胀的经济和疯狂的消费，以及得到了过度满足的日本消费者的猎奇心理。而且，它立面上的活力和文脉主义与它的基地和时代非常协调，它抓住了当时熙熙攘攘的东京的各种元素、模式和节奏的本质。此外，它还非常聪明地把诙谐的高雅艺术和混乱的街头语言结合在一起，创造了一种醒目而丰富的形象，取得了极其微妙的平衡。这座建筑在艺术上借鉴了传统的、现代的（尤其是勒·柯布西耶）和当下的空间表现以及对材料的推敲。螺旋大厦的立面划分是20世纪80年代日本公共艺术的重要代表。从整体上来说，螺旋大厦是槙文彦的作品中，以及它那个时代中，最有影响力和表现力的建筑之一。[50]

从这个角度上讲，"经典"的建筑对放在它们身上的表现的要求作出了反应，在图形上体现了环境的状况、文化的状况以及高度发展时期日本的工业状况。

槙文彦的作品体现了一种超越了正交的现代主义限制的、丰富的建筑。他的"经典"建筑创造了一种既自由又容易认知的、可靠的庇护所。它们证明

螺旋大厦，东京，1985

了现代主义建筑是可以有新的解释的，是可以承担和描绘当代世界的精神的。[51]当这些作品从岩崎美术馆中沉静的古典主义发展到螺旋大厦的生机勃勃，Tepia宇宙科学馆中老练的技术处理，国家现代艺术博物馆中克制的纪念性，再到Triad实验室的沉着冷静，整个过程中有一种轮回的感觉。在他的建筑和文章中,槙文彦都试图通过追求与当代的复杂性保持一致的、有力的秩序来使得已经显得疲惫不堪的现代主义重新振作起来，并且为了体现建筑的意义而强化了它的表现力。

Triad 实验室，穗高，2002。实验室全景

注释

1　槇文彦，《绪论》，摘自伯藤德·伯格纳，《村野藤吾：日本建筑大师》，纽约，Rizzoli，1996，第21页。

2　槇文彦，《复杂性与现代主义》，《空间设计》，1（340），1993，第7页。在这篇重要的文章中，槇文彦提出了他当时的想法。

3　槇文彦，《吉村顺三的山顶旅馆之旅》，《日本建筑师》，47，12（192），1972年12月，第102页。罗伯特·文丘里，《建筑的复杂性和矛盾性》，纽约，现代艺术博物馆，1966，第102页。

4　铃木宏之，《槇文彦作品中的内容和方式》，《日本建筑师》，54，5（265），1979年5月，第81页。

5　与隈研吾的谈话，东京，1995。

6　马丁·斯普林（Martin Spring），《日本会议中心》，《日本建筑师》，65，8/9（400～401），1990年8/9月，第50页。

7　槇文彦，《我与现代主义的相遇》，未发表的手稿，由渡边一藤宏翻译。

8　与铃木宏之的谈话，东京，1995。

9　戴维·B·斯图尔特，《建筑与旁观者：槇文彦的五个新作》，《空间设计》，1（256），1986，第115页。

10　槇文彦，《建筑与交流》，《空间设计》，1（424），2000，第7页。

11　槇文彦，《破碎的图形：建筑画选》，东京，求龙堂艺术出版社，1989。

12　槇文彦，《草图》，《槇文彦：一种被叫做建筑的存在——来自基地的报告》，Gallery Ma Books，Gallery Ma 某次展览会的目录，东京，TOTO Shuppan，1996，第19页。

13　与铃木宏之的谈话，东京，1995。

14　槇文彦，《复杂性与现代主义》，第7页。

15　槇文彦，《复杂性与现代主义》，第7页。

16　槇文彦，《槇文彦及其合伙人的细节：Tepia宇宙科学馆》，东京，鹿岛学院出版社，1991，第7页。

17　汉瑞默克·恩格尔（Heinrich Engel），《日本住宅：当代建筑传统》，东京，查尔斯·E·图特尔，1964年，第431页。

18　诺曼·F·卡弗，《日本建筑的形式与空间》，东京，彰国社，1955，第135页。

19　与渡边一藤宏的谈话，东京，1995。

20　在《破碎的图像：建筑画选》中很好地记录了槇文彦的草图。

21　戴维·E·斯图尔特（David B. Stewart），《轻盈》，《日本建筑师》，65，8/9（400/401），1990年8/9月，第26～33页。

22　槇文彦，《破碎的图形》，（页码不详）。

23　后来在山坡平台西区和MIT媒体实验室中也采用了这种玻璃。

24　槇文彦，《复杂性与现代性》，第7页。

25　槇文彦和原广司，《对话：原广司＋槇文彦（摘要）》，《空间设计》，6（177），1979，标题页：日语版，第141～152。

26 槙文彦和原广司，《对话：原广司＋槙文彦（摘要）》。

27 让－路易斯·科恩，《槙文彦近作，超越片断：时光倒流》，《日本建筑师》，16，槙文彦专辑，1994年冬，第184页。

28 槙文彦，《破碎的图形》，（页码不详）。

29 与槙文彦的谈话，东京，1995。

30 与隈研吾的谈话，东京，1995。

31 宫本彻是滋贺县立大学的景观建筑教授。

32 例如，塞拉在1991年设计的Schunnemuk Fork。

33 槙文彦，《现代主义新方向》，《空间设计》，1（256），1986，第7页。

34 与渡边一藤宏的谈话，东京，1995。

35 与隈研吾的谈话，东京，1995。

36 在塞吉·萨拉特和弗朗索瓦·拉贝编辑的《槙文彦：破碎之美》，纽约，Rizzoli，1988，第19～33页中，对这一时期槙文彦建筑中的图形品质有着详细的讨论。金字塔形在日本有着特殊的含义，在那里，二层通常位于屋子的中心点之上。

37 其中的两个界定空间的混凝土梁从结构上讲是多余的。

38 槙文彦，《槙文彦：建筑与设计》，纽约，普林斯顿建筑出版社，1997，第88页。

39 槙文彦，《当代建筑中的公共维度》，摘自A·蒙洛（编辑），《新公共建筑：槙文彦与矶崎新近作》，展览目录，纽约，日本社，1985。

40 槙文彦，《城市、形象、材料》，摘自《槙文彦：破碎的美学》，第12页。

41 槙文彦，《藤泽体育馆的屋顶》，《槙文彦：建筑与设计》，第153页。

42 槙文彦，《当代建筑中的公共维度》，第19页。

43 槙文彦，《关于城市和建筑的论文选》，槙文彦及其合伙人事务所未发表的内部文件，东京，2000，第9页。

44 与槙文彦的对话，东京，1995。

45 槙文彦，《当代建筑中的公共维度》，第19页。

46 见槙文彦，《当代建筑中的公共维度》。

47 槙文彦，《当代建筑中的公共维度》，第19页。

48 槙文彦，《当代建筑中的公共维度》，第19页。

49 槙文彦，《绪论》，《日本建筑师》，65，8/9（400/401），1990年8/9月，第9页。

50 历史学家马克·特里伯(Marc Treib)认为螺旋大厦的立面是20世纪最好的立面。与马克·特里伯的谈话，东京，2001。

51 槙文彦在一系列重要的文章中都对这个问题进行了讨论，包括槙文彦，《十字路口的现代主义》，《日本建筑师》，58，3（311），1983年3月，第18～22页；槙文彦，《现代主义新方向》，《空间设计》，1（256），1986，第6～7页；槙文彦，《现代主义中的复杂性》，第6～7页。

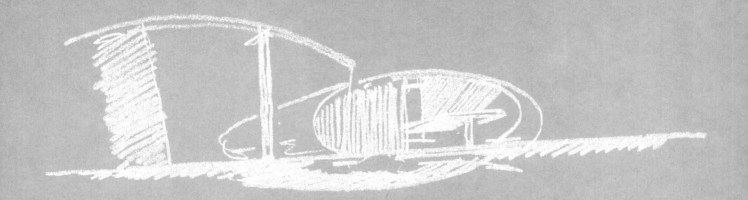

Triad 实验室：概念草图

9 交织：线与绳

空间、城市、秩序、建造——这些是反复出现在槙文彦的思想和设计中的几条主线。空间一直是建筑的实质所在，城市是建筑的主要责任，秩序是形式的创造者，而建造则是实现这些目的的手段。我们可以把这些看成是体现槙文彦思想的线索。他把这些线索拧成了一股绳，它的横断面就是某个特殊时期的建筑。这是一套没有限制的方法，凭借着它，槙文彦精心地挑选各种元素，并且通过他多年的实践把它们结合在一起。根据基地、概况以及当时的知识和技术状况，不同的线会聚积成更粗的绳，并且形成某个新时代的不同特征。例如，2001年Triad实验室的屋顶与1984年藤泽体育馆的屋顶是属于同一个类型的，但是Triad实验室薄薄的曲线形墙体上的穿孔部分和屋顶的顶棚则是当时的技术和工艺水平的结果，在一定程度上体现了

当时的时代精神，与20世纪80年代是有区别的。这种细小的变化对于建筑群的整体特征的确定来说是非常重要的。因此，虽然绳子可能永远是属于现在的，但是它们的效果和设计结果的影响却是由不断变化的环境决定的。从这一点上来讲，槙文彦的作品体现了一种连续的承诺和思考，但是每一个新的设计都是一个不断更新的产物。

经过多年的探索，槙文彦的这种把过去的经验和新的可能性交织在一起的能力变得越来越强，从而使他一直保留着国际建筑界主要的创作者的位置。从20世纪60年代开始，他一直致力于让现代建筑保留它的活力，并且不断地用与时间的变化相适应的情境和要求使它得以不断的新生和拓展。很奇怪的是，在每一个时间点上，他都能以一个全世界最具有连贯性、同时又是最富有创造性的建筑师形象出现

在世人面前。他从现代建筑那里学到了无以伦比的精致、优雅和老练。在新的千年，槙文彦将为世界建筑奉献出他一生中最好的作品。

日语词汇表

Doma	传统住宅的入口和厨房处常见的地面层。
Hiroba	开放空间；公共广场。
Kanji	字面的解释是"中国字"。日本借鉴了传统的、原始的中国文字的象形特征，并且对它进行了修改。在日本的书写文字中，中国字和两种表示语音的音节体系结合在了一起：写日本字用平假名，而片假名通常用来表达外来语。另外还会采用一些拉丁字母。
Ma	间隔；暂停；休止符。
Meisho	一个有名的地方；有趣的地方。最初的含义是有文化的人在欣赏美景的时候聚会和读诗的地方。后来变成了过喜庆日的地方，尤其是神祠或者寺庙。Meisho起源于江户时代。尽管仍然有着严格的限制，但是它比之前普通老百姓所能接触到的空间的公共性要强得多。
Mokugyo	佛寺中常见的木鼓。
Nagare	流动（这是从动词 Nagareru 演变而来的名词）。
Niwa	花园；庭院；半公共空间。
Oku	内部；核心；深处。
Shamisen	三根弦的弹拨乐器，最初出现于江户时代城市中的娱乐场所和剧场。在木质的乐器的前面和后面覆上猫皮或者狗皮。Shamisen 的符号一般用音程而不是音高来表示。
Shoin	居住建筑的一种风格。Shoin 指的是"图书馆"或者"学习的地方"，这种风格广泛地运用于寺庙的寝殿、客舍以及军队的营房中。它是从古代的 shinden（寝殿造）风格发展而来的，书院风格至今还是日本传统住宅风格的原型。
Shoji	可以形成半透明的屏风的浅木色框和米纸制成的推拉门，用来围合和划分空间。
Sukima	剩余的空间；窄缝；裂缝；豁口。
Sukiya	居住建筑的一种风格；从字面上讲，Sukiya 指的是喝功夫茶的地方。Sukiya-zukuri 指的是有 Sukiya 特征的建筑。
Tatami	榻榻米，尺寸约为910mm×1820mm。铺在地面上的榻榻米席子是日式建筑的重要特征之一。
Zashiki	接待室（就像正规的餐厅／门厅／住宅中的娱乐室），通常是铺着榻榻米的木地板。

生平

| 1928 | 出生于东京 |

职业生涯

1954~1955	纽约SOM事务所设计师
1955~1958	马萨诸塞州剑桥塞特·杰克逊及其合伙人事务所设计师
1956~1958	密苏里州圣路易斯华盛顿大学校园规划办公室助理
1958~1965	美国及日本多个事务所的顾问
1968–	槙文彦及其合伙人事务所负责人
1987~1990	日本建筑师协会国际委员会成员

教学与科研

1956~1958	圣路易斯华盛顿大学助教
1958~1960	格雷厄姆基金会成员
1960~1962	圣路易斯华盛顿大学副教授
1962~1965	马萨诸塞州剑桥哈佛大学研究生设计学院副教授
1965~1979	多所国际大学访问评论家、讲演者、教授
1979~1989	东京大学教授
1993~1995	庆应大学环境信息学院访问学者

获奖情况

1963	日本建筑学院奖（丰田纪念堂）
1969	Manichi艺术奖（立正大学熊谷校区）
1973	第24届教育部艺术奖（山坡平台）
1980	日本艺术奖（山坡平台）
1985	日本建筑学院奖（藤泽体育馆）
1987	圣路易斯华盛顿大学艺术和建筑荣誉教授奖
1987	雷诺纪念奖（螺旋大厦）
1988	以色列沃尔夫奖
1988	芝加哥建筑奖
1990	弗吉尼亚夏洛茨维尔托马斯·杰斐逊奖章
1991	大阪第5届国际设计奖
1993	普利茨克建筑奖
1993	国际建筑师协会金奖
1993	马萨诸塞州剑桥哈佛大学城市设计威尔士王子奖章（山坡平台）
1993	1993 Quarternario国际建筑技术创新奖（幕张国际会议中心）
1993	朝日新闻基金会朝日奖
1994	夏威夷火奴鲁鲁亚太杰出建筑学者奖
1995	瑞典混凝土学院混凝土建筑奖
1997	村野藤吾纪念奖（Kaze-no-Oka火葬场）
1998	法国艺术文学勋章

| 1999 | 美国艺术与科学学院阿诺德·布鲁纳建筑纪念奖 |
| 1999 | 日本艺术协会日本皇室世界文化奖 |

展览

1980	"芝加哥论坛大厦竞赛近期参赛作品"：当代艺术，芝加哥
1983	"进行中的三个项目"：轴线美术馆，东京
1983～1985	"巴黎建筑"：美国之旅
1984	"愤怒的秋天"：格拉茨，奥地利
1984	"日本国际建筑展，鹿特丹"：鹿特丹，荷兰
1985	"槇文彦近作"：托尼大厦，大阪
1985	"巴黎双年展"：拉维莱特大厅，巴黎
1985	"新公共建筑：槇文彦及矶崎新近作"：美术馆，纽约
1987	"东京的形式与精神"：沃克尔艺术中心，明尼阿波利斯，MoMA 纽约，MoMA 旧金山
1987～1991	"近作"：巴黎、威尼斯、罗马、热那亚、苏黎世、柏林、斯图加特、安特卫普、哥本哈根、弗赖贝格
1989	"泽布勒赫渡船终点站"：皇家艺术学院，伦敦
1989	"欧洲的日本"：布鲁塞尔，比利时
1989	"建筑塑造未来"：加利福尼亚大学，圣迭哥
1990～1991	"场所中的建筑"：弗吉尼亚大学，夏洛茨维尔；费城、纽约、英国皇家建筑师协会、伦敦
1991	"京都音乐厅参赛方案"：日本馆，威尼斯双年展
1991	"威尼斯电影宫设计方案"：意大利馆，威尼斯双年展
1992	"山坡平台回顾展"：山坡平台，东京
1993	"山坡平台 1967～1992"：哈佛大学，剑桥，马萨诸塞州
1993	"金奖获得者回顾展"：AIA 大会，芝加哥
1995	"轻质结构"：现代艺术博物馆，纽约
1996	"被叫做建筑的存在——来自基地的报告"：MA 美术馆，东京
1997	"日本建筑——传统与未来"：美术学院，维也纳
1997	"从宏伟到精细"：台北美术馆，台北
1997	"运动的城市"：脱离，维也纳
1998	"为日本公众设计的 2000 年日本建筑"：芝加哥艺术学院，芝加哥
1998	"景观的构造"：山坡平台，东京
1998	"近作"：美术馆，墨西哥市
1999	"普利茨克建筑奖 1979～1999"：芝加哥艺术学院，芝加哥
1999	"新成员及获奖者作品展"：文化艺术学院，纽约
1999	"公共领域的创造——三个近作"：博鲁桑文化艺术中心，伊斯坦布尔
1999	"三个近作"：东北艺术设计大学，山形
1999	"沈阳国际城市与建筑论坛"：城市规划及设计学院，中国
1999	"第 4 届巴西国际建筑双年展"：Pavihao，奇奇洛·马塔拉佐，圣保罗
2001	"槇文彦：现代性与景观建造"：维多利亚与阿尔波特博物馆，伦敦

作品选

1960	斯泰因贝格艺术中心，华盛顿大学，圣路易斯，密苏里州
1962	名古屋大学丰田纪念堂，名古屋
1962	千叶大学纪念报告厅，千叶
1966	临海中心大楼，大阪
1966~1992	山坡平台公寓建筑群，一至六期，涩谷，东京
1968	立正大学，熊谷校区，熊谷，琦玉
1969	千里市民中心，千里，大阪
1969	Mogusa 市中心，东京
1970	仙北考古博物馆，仙北，大阪
1971	金泽沃德办公室，金泽，横滨
1972	圣玛丽国际学校，世田谷，东京
1972	关东学园小学，沼津，静冈
1972	大阪地方体育中心，高石，大阪
1973	广尾住宅与大厦，都港，东京
1974	筑波学院新城，筑波，茨城
1974	丰田客舍与纪念堂，丰田，爱知
1974	野边幼儿园，横滨，神奈川
1975	公共住宅，利马，秘鲁
1975	日本大使馆，巴西
1975	1975 国际博览会海洋生物馆（国家水族馆），冲绳
1976	奥地利大使馆，都港，东京
1978	金泽海边新城，金泽，神奈川
1978	并木小学，金泽，神奈川
1979	岩崎艺术馆，指宿，鹿儿岛
1979	丹麦皇家大使馆，涩谷，东京
1980	Kawawa 中学，横滨，神奈川
1981	虎门 NN 大楼，都港，东京
1981	三菱银行，广尾支行，都港，东京
1981	京都工艺中心 ABL，东山，京都
1981	庆应大学图书馆，Mita 校区，都港，东京
1982	哥打京那巴鲁运动中心，沙巴州，马来西亚东部
1982	YKK 客舍，黑部，富山
1982	庆应大学改造，Mita 校区，都港，东京
1983	电通广告大厦，北区，大阪
1984	大泽美奈美住宅设计，都下新城，八王子，东京
1984	花园广场，广尾，都港，东京
1984	藤泽体育馆，藤泽，神奈川
1985	西部广场，横滨中心站，横滨，神奈川
1985	庆应大学研究生院，Mita 校区，都港，东京
1985	螺旋大厦，都港，东京
1985	庆应大学日吉图书馆，横滨，神奈川
1986	国家现代艺术馆，左京区，京都
1987	岩崎艺术馆扩建，指宿，鹿儿岛
1988	津田厅，涩谷，东京
1989	大东京产险公司新宿大楼，涩谷，东京
1989	富山市民广场，富山
1989	Tepia 宇宙科学馆，都港，东京
1989	日本会议中心（幕张国际会议中心），千叶
1990	东京大都市体育馆，涩谷，东京
1992	庆应大学，湘南校区，藤泽，神奈川
1993	中津小畑纪念图书馆，中津，大分
1993	山度士药物研究院，筑波，茨城
1993	YKK 研究中心，墨田区，东京
1993	耶尔巴·布纳公园视觉艺术中心，旧金山，加利福尼亚
1994	庆应大学研究生院研究中心，湘南校区，藤泽，神奈川
1994	庆应大学研究班客舍，藤泽校区，藤泽，神奈川
1994	雾岛国际音乐厅，Makizoo，鹿儿岛
1995	伊萨办公园，慕尼黑，德国
1995	东京基督教堂，涩谷，东京
1996	漂浮展馆，格罗宁根，荷兰
1996	Kaze-no-Oka 火葬场，中津，大分
1996	福冈大学学生中心，城南区，福冈
1996	神奈川大学报告厅，横滨，神奈川
1997	社区护理中心，横滨，神奈川
1997	鸟取表演艺术中心，鸟取，宫城
1998	日本会议中心（幕张国际会议中心），二期，千叶
1998	山坡平台西区，涩谷，东京
1999	富山国际会议中心，富山
2000	福岛妇女中心，二本松，福岛
2001	杜塞尔多夫港办公楼，杜塞尔多夫，德国
2002	Triad，穗高，长野
2002	福井图书馆及档案馆，福井
2002	ITE，新加坡
2003	横滨海滨大厦，横滨，神奈川
2003	朝日广播中心，都港，东京
2003	麻省理工学院媒体实验室扩建，剑桥，马萨诸塞州
2003	冈崎国际会议中心，冈崎
2005	视觉艺术及设计中心，华盛顿大学，圣路易斯
2005	岛根考古及人类博物馆，岛根

参考书目

槟文彦所著或与他相关的论文

Kikutake, K., N. Kawazoe, M. Ohtaka, F. Maki and N. Kurokawa, *Metabolism: The Proposals for New Urbanism*, Tokyo, Bijutsu Shuppansha, 1960.

Maki, Fumihiko, (in part with jerry Goldberg), *Investigations in Collective Form*, St Louis, The School of Architecture, Washington University, 1964.

Maki, Fumihiko, *Movement Systems in the City*, Cambridge, Mass., Graduate School of Design, Harvard University, 1965.

Maki, Fumihiko, and Masato Ohtaka, "Some Thoughts on Collective Form", *Structure in Art and in Science*, György Kepes (ed.), New York, George Braziller, 1965.

Maki, Fumihiko, and Kawazoe Noboru, *What is Urban Space?*, Tokyo, Tsukuba Publishing Co., 1970.

Fumihiko Maki 1: 1965-78, Contemporary Architects Series, Tokyo, Kajima Publishing Co., 1978.

Maki, Fumihiko, *Visible and Invisible City: A Morphological Analysis of the City of Edo-Tokyo*, Tokyo, Kajima Publishing Co., 1979.

Fumihiko Maki 2: 1979-86, Contemporary Architects Series, Tokyo, Kajima Publishing Co., 1986.

Maki, Fumihiko (and others) *Design Methodology in Technology and Science*, Tokyo, Tokyo University Press, 1987.

Maki, Fumihiko, *Fragmentary Figures: The Collected Architectural Drawings*, Tokyo, Kyuryudo Art Publishing Co. Ltd., 1989.

Maki, Fumihiko, *Memories of Form and Figure: A Collection of Essays on Architecture and Urban Design*, Tokyo, Chikuma Press, 1991.

Maki, Fumihiko, *Details by Maki and Associates: Tepia*, Tokyo, Kajima Publishing Co., 1991.

Maki, Fumihiko, *Kioku No Keisyo: A Collection of Essays*, Tokyo, Kajima Publishing Co., 1992.

Fumihiko Maki 3: 1987-92, Contemporary Architects Series, Tokyo, Kajima Publishing Co., 1993.

Maki, Fumihiko (and others), "A History of Hillside Terrace", Tokyo, Sumai Library Publishing Co., 1995.

Fumihiko Maki: A Presence Called Architecture - Report from the Site, Gallery Ma Books, Catalogue for an exhibition for Gallery Ma, Tokyo, TOTO Shuppan, 1996.

Maki and Associates, *Fumihiko Maki: Buildings and Projects*, New York, Princeton Architectural Press, 1997.

Maki and Associates (eds.), *Stairways of Fumihiko Maki: Details and Spatial Expression*, Tokyo, Shokokusha, 1999 (published in Japanese only).

Fumihiko Maki 4: 1993-99, Contemporary Architects Series, Tokyo, Kajima Publishing Co., 2000.

Maki, Fumihiko, *Selected Passages on the City and Architecture*, internal publication of Maki and Associates, Tokyo, 2000.

Salat, Serge, and Françoise Labbé (eds.), *Fumihiko Maki: An Aesthetic of Fragmentation*, New York, Rizzoli, 1988. (Previously published as *Fumihiko Maki: Une poétique de la fragmentation*, Paris, Electa Moniteur, 1987).

一般著作

A New Wave of Japanese Architecture: Catalogue 10, New York, The Institute of Architecture and Urban Studies, 1978.

Ashihara, Yoshinobu, *Hidden Orders/Tokyo Through the Twentieth Century*. Tokyo/New York, Kodansha International, 1989.

Banham, Reyner, *Megastructure: Urban Futures of the Recent Past*, New York, Harper and Row, 1976.

Bognar, Botond, *Contemporary Japanese Architecture: Its Development and Challenge*, New York, Van Nostrand Reinhold, 1985.

Bognar, Botond, *Togo Murano: Master Architect of Japan*, New York, Rizzoli, 1996.

Carver, Norman F., *Form and Space of Japanese Architecture*, Tokyo, Shokokusha, 1955.

Chang, Ching-Yu, "Maki, Fumihiko", *Contemporary Architects*, 2nd edition, Chicago and London, St James Press, 1987, p. 506.

de Certeau, Michel, *The Practice of Everyday Life*, Berkeley, University of California Press, 1984.

Engel, Heinrich, *The Japanese House: A Tradition for Contemporary Architecture*, Tokyo, Charles E. Tuttle, 1964.

Fawcett, Chris, *The New Japanese House: Ritual and Anti-ritual: Patterns of Dwelling*, New York, Harper Row, 1980.

Friedman, Mildred (ed.), *Tokyo: Form and Spirit*, Minneapolis, Walker Art Center and New York, Harry N. Abrams Inc., 1986.

Giedion, Sigfried, *Space Time and Architecture*, Cambridge, Mass., Harvard University Press, 1941.

Goodman, Paul and Percival, *Communitas*, Tokyo, Shokokusha, 1967 (translated into Japanese by Fumihiko Maki).

Heidegger, Martin, *Being and Time* (trans. John Macquarie & Edward Robinson), Oxford, Basil Blackwell, 1962.

Hursch, Erhard, *Tokyo*, Tokyo, Charles E. Tuttle, 1965.

Inoue, Mitsuo, *Space in Japanese Architecture* (trans. Hiroshi Watanabe), New York and Tokyo, Weatherhill, 1985.

Kurokawa, Kishio, *New Wave Japanese Architecture*, London, Academy Editions, 1993.

Munroe, A. (ed.), *New Public Architecture: Recent Projects by Fumihiko Maki and Arata Isozaki*, Catalogue for exhibition, New York, Japan Society, 1985.

Ockman, Joan (ed.), *Architecture Culture 1943-1968*, New York, Rizzoli, 1993.

Popham, Peter, *Tokyo: The City at the End of the World*, Tokyo, Kodansha International Ltd., 1985.

Richards, J. M., *An Architectural Journey in Japan*, London, The Architectural Press, 1963.

Ross, Michael Franklin, *Beyond Metabolism: The New Japanese Architecture*, New York, Architectural Record: A McGraw-Hill Publication, 1978.

Rudofsky, Bernard, *Architecture Without Architects: A Short Introduction to Non-pedigreed Architecture*, New York, Museum of Modern Art, 1964.

Scarry, Elaine, *The Body in Pain: The Making and Unmaking of the World*, New York and Oxford, Oxford University Press, 1985.

Shelton Barrie, *Learning from the Japanese City: West Meets East in Urban Design*, London, E & FN Spon, 1999.

Venturi, Robert, *Complexity and Contradiction in Architecture*, New York, Museum of Modern Art, 1966.

Venturi, Robert, Denise Scott Brown, Steven Inezour, *Learning from Las Vegas*, Cambridge, Mass., MIT Press, 1972.

东京大都市政府出版物

Tokyo Fights Pollution: An Urgent Appeal for Reform, Tokyo, Tokyo Metropolitan Government, 1971.

An Administrative Perspective of Tokyo, Tokyo, Tokyo Metropolitan Government, 1975.

City Planning of Tokyo, Tokyo Municipal Government, 1978.

"Tokyo Tomorrow", Tokyo Municipal Library No. 17, 1980.

The 3rd Long-Term Plan for the Tokyo Metropolis (Outline), My Town Tokyo – *For the Dawn of the 21st Century*, Tokyo, Tokyo Municipal Library No. 25, 1991.

下列期刊亦为信息来源

Space Design, The Japan Architect, Progressive Architecture, Architectural Record, Domus, Architecture in Australia, Ekistics, The Architectural Forum, World Architecture, Spazio e Societa, Building.

下列专刊专门介绍槙文彦：

Space Design 6 (177) 1979; *Space Design* 1 (256) 1986; *Space Design* 1 (340) 1993, *Space Design* 1 (424) 2000 and *The Japan Architect* 4 (16) 1994. (The issues of *Space Design* are also cited above under Contemporary Architects Series, Kajima Publishing.)

插图来源

Berthold & Linkersdorff: 58，82 右，176 左

Roland Hagenberg: 10

From Inoue, *Space in Japanese Architecture*, Courtesy of Hiroshi Watanabe: 100 左、右

Akio Kawasumi: 72

Toshiharu Kitajima: 封面照片, 29, 30, 31, 52 右, 83, 86, 91 右, 111 左, 113, 114, 116, 119, 124, 139, 140, 155, 157, 162 右, 165, 166 左, 166 右上, 167 右, 171, 172 左, 174 左上, 180, 186, 187

Courtesy of Maki and Associates: 22 上, 41

Maki and Associates: 18, 21, 25, 63 上、下, 64, 76, 81 左, 87 左, 98, 99, 103, 144, 185

From *Metabolism: The Proposals for New Urbanism*: 37

From *Movement Systems in the City*: 38, 39, 40 上、下

Satora Mishima: 28, 88, 141 (Nikkei Business Publications Inc), 142

Kaneaki Monma: 158 上

Osamu Murai: 59, 60, 107, 122, 156 右, 169, 181 上, 182

From *Notes on Collective Form*: 15

Taisuke Ogawa: 109

Tomio Ohashi: 50, 90

Paul Peck: 121, 172 右上

Shinkenchiku-sha: 77 右, 80, 81 右, 89, 91 左, 111 右, 106, 118 右下, 123, 125, 132, 133, 135, 166 右下, 167 左, 174 左下, 181 下, 183

From *Stairways of Fumihiko Maki: Details and Spatial Expression*: 17

Jennifer Taylor: 48, 77 左, 78, 87 右, 96, 97 上、下, 101, 118 左下, 160, 164 左, 172 右, 173 左上

Judith Turner: 85, 118 上

Tohru Waki: 75

所有其他插图由槙文彦及其合伙人事务所提供。

项目索引